主办　中国建设监理协会

# 中国建设监理与咨询

CHINA CONSTRUCTION
MANAGEMENT and CONSULTING

中国建筑工业出版社

图书在版编目（CIP）数据

中国建设监理与咨询　10 / 中国建设监理协会主办. —北京：中国建筑工业出版社，2016.6
ISBN 978-7-112-19569-5

Ⅰ.①中…　Ⅱ.①中…　Ⅲ.①建筑工程—监理工作—研究—中国　Ⅳ.①TU712

中国版本图书馆CIP数据核字（2016）第148792号

责任编辑：费海玲　张幼平　焦　阳
责任校对：李欣慰　姜小莲

中国建设监理与咨询　10

主办　中国建设监理协会

*

中国建筑工业出版社出版、发行（北京西郊百万庄）
各地新华书店、建筑书店经销
北京嘉泰利德公司制版
北京缤索印刷有限公司印刷

*

开本：880×1230毫米　1/16　印张：$7^1/_4$　字数：231千字
2016年6月第一版　2016年6月第一次印刷
定价：35.00元
ISBN 978-7-112-19569-5
（29067）

**编辑部**

**地址：**北京海淀区西四环北路 158 号
慧科大厦东区 10B

**邮编：**100142

**电话：**（010）68346832

**传真：**（010）68346832

**E-mail：**zgjsjlxh@163.com

10
2016 / 3
总第10期
CHINA CONSTRUCTION MANAGEMENT and CONSULTING

# 中国建设监理与咨询

## 目录 CONTENTS

### 行业动态



### 政策法规



### 本期焦点：聚焦信息化管理与 BIM 应用



### 监理论坛

## 项目管理与咨询



## 创新与研究



## 人才培养



## 人物专访



## 企业文化

## 北京市建设监理协会召开2016年会员工作大会

2016年3月31日，北京市建设监理协会召开2016年会员工作大会。市住建委质量处于扬、建管处张彦良，市监理协会会长李伟、常务副会长张元勃等协会领导，以及193家监理单位的代表共计220人参加大会。会议由常务副会长张元勃主持。

市监理协会张元勃常务副会长首先作了“北京市建设监理协会2015年工作总结”，从12个方面介绍了2015年市监理协会在住建部、市住建委、市社团办和中国监理协会领导与支持下所做的工作和取得的业绩。

李伟会长通报了2016年设想和工作安排。提出四点设想：1. 以创新为动力提升监理行业形象；2. 以标准化为抓手提高监理行业整体素质；3. 以首善为标准促进行业稳步发展；4. 以协会换届为契机发挥社会组织更大作用。

市住建委质量处于扬介绍了2015年全市工程建设情况及去年全市工程监理行业在工程建设中发挥的重要作用。同时提出了2016年的主要工作：一是积极发挥工程监理作用，做好课题的转化工作；二是进一步完善动态监管办法，建立监理企业统一的信息化平台；三是加大驻厂监理的监管力度，着手研究轨道交通驻厂监理工作等，政府主管部门将继续发挥监理协会桥梁纽带作用。

最后，副会长张铁明、副秘书长李孟宣读表彰决定，优秀建设监理单位和先进建设监理单位的代表上台领奖，大会圆满成功。

会上发放了《北京市建设监理协会2015年工作总结》画册、光荣册和“北京监理协会创新研究院2016年课题参与单位招募公告”、“关于比选生产保障性安居工程推荐监理单位名录的通知”、“北京市注册监理工程师继续教育认定管理办法”、“关于举办监理单位技术负责人及资深监理人高级研讨班的预通知”等文件、资料。

（张宇红　提供）

---

## 浙江省建设工程监理管理协会三届三次理事会暨三届二次常务理事会召开

日前，浙江省建设工程监理管理协会召开三届三次理事会暨三届二次常务理事会。

会议首先由副会长兼秘书长章钟作2015年度工作报告。工作报告指出了过去的一年在国家宏观经济下行压力增大、行业收费降低的双重影响下，浙江省监理企业锐意进取、开拓创新、逆势而为，依然取得了不易的成就。期间，协会以促进监理行业发展为核心，在行业政策研究、引导企业发展、解决行业之困、提升服务能力等方面发挥了积极的作用，主要做了以下方面的工作：积极探索行业发展之路，编制了《浙江省建设监理行业发展“十三五”规划》，对推动今后五年建设监理行业的健康发展起到重要的引导作用；探索政府购买监理服务，成立课题小组，希望为实现政府购买监理服务找到一定的理论依据和实施途径；与上海、江苏协会联合印发了《建设工程施工监理服务费计费规则》，确立人工综合单价法和费率计算法两种形式的计费规则，一定程度上为监理企业收费提供了参考依据。另外，协会积极鼓励、帮助企业走出去发展，以及筹备成立浙江省建设工程监理联合学院，在优势互补、协同发展等方面都取得了显著成果。协会同时对2016年的工作提出了具体要求。

全体理事审议并通过了章钟秘书长的工作报告，还认真审议了《2015年度财务报告》、《浙江省监理工程师职业能力管理办法》、《浙江省建设监理行业发展“十三五”规划》以及其他审议事项，并表决通过。

会上，浙江省建筑业管理局副局长、协会会长叶军献作了讲话。他在讲话中指出，当前我国建筑业面临转型升级，大力推进建筑工业化和工程总承包。这些是传统项目管理方式及工程施工技术的重大变革，随之对建筑业管理的要求也会越来越高。面对建筑业以及监理行业的新形势、新常态，全行业都必须加快企业自身改革调整步伐，从而适应时代发展的需要，适应建筑业转型升级的需要。

（徐伟民　提供）

---

## 山西省建设监理协会四届五次理事会暨纪念协会成立20周年大会在太原市召开

在万物复苏、桃花盛开的美好时节，山西省建设监理协会于4月27日在太原隆重召开四届五次理事会暨纪念协会成立20周年大会。中国建设监理协会副会长王学军、孙占国（上海市建设工程咨询行业协会常务副会长），《建设监理》副主编黄蓓华、助理陈浩，住建厅党组成员、总工张学锋应邀出席并讲话；厅市场处处长史红权、人事处调研员王永珍以及协会领导、会员单位理事共300多人参加。副会长陈敏主持并致辞。

会议第一项议程传达3月22日中监协全国监理协会秘书长工作会议精神；第二项议程通报2015年度协会财务收支情况；接着作《真抓实干 迎难而上 励精图治 与时俱进》2015年协会工作报告；第三项议程作纪念协会成立20周年《用责任总结传承 以服务开拓创新 同心协力共创监理行业美好未来》报告；第四项议程大会表决，接纳8家新会员，增补9名理事、2名常务理事，接受吕安峥、成宏两位副会长和7位常务理事的辞职请求，增补陈怀耀、段剑飞两名副会长；第五项议程表扬奖励2015年度先进监理企业、优秀总监、优秀专监等；奖励获2014～2015年度中国建设工程鲁班奖、国家优质工程奖、2015中国土木工程詹天佑奖优秀小区工程项目且共创企业7家、创优总监10名以及2014年度山西省进入全国监理百强的3家企业共计18万元；表彰纪念协会成立20周年三晋监理20强、三晋监理功臣、三晋监理楷模等先进。

大会第二阶段是精彩的文艺联欢演出。欢快的《花开中国年》开场舞拉开了纪念20周年演出的序幕。多姿多彩的歌舞、慷慨激昂的词朗诵、悠扬动听的歌声，美轮美奂地把纪念活动引向高潮。

与会人员纷纷赞赏感叹：会议组织安排紧凑、科学，近乎完美，很震惊、震撼，大家为协会的组织能力和服务水平点赞。这是一次鼓舞人心的大会，这是行业协会未来发展的新的里程碑和加油站。

## 河南省建设监理协会召开三届二次会员代表大会暨先进表彰会

4 月 15 日，河南省建设监理协会三届二次会员代表大会暨先进表彰会在郑州召开。河南省住房和城乡建设厅建筑管理处副处长魏家颂、河南省建设工程质量监督总站副站长刘利军出席会议，河南省建设监理协会会长陈海勤出席会议并讲话。来自全省工程监理单位的负责人和获奖的优秀总监理工程师、优秀监理工程师和优秀监理员代表共 206 人参加了会议。

协会常务副会长兼秘书长孙惠民主持会议。本次会议的主要内容是：认真贯彻落实全省建设工作会议精神，总结回顾协会 2015 年工作情况，安排部署 2016 年工作任务，选举产生了增补的协会副会长、副秘书长、常务理事和理事，审议并表决通过了《河南省建设监理协会个人会员管理办法》和《河南省建设监理协会会费管理办法》，隆重表彰了 2015 年度河南省先进监理企业、优秀总监理工程师、优秀监理工程师和优秀监理员。

魏家颂处长宣读了表彰决定，对获奖的单位和个人表示祝贺，希望受表彰的工程监理企业、总监理工程师、监理工程师和监理员，抢抓机遇，开拓进取，充分发挥诚信自律示范作用，继续提升工程项目管理水平。

陈海勤会长要求，监理企业一定要加强对新技术、新手段和新办法的研发应用，尤其是 BIM 技术的落地应用，研究如何借助 BIM 技术提升监理工作的效率和质量，提高项目的附加值，打造企业的关键能力和核心竞争力。专家委员会要发挥专长，针对行业发展中的紧迫性、现实性的问题，制定切合实际的研究课题，尤其要为中小企业提供指导性服务，帮助中小企业排忧解难，带动整个行业提升经营管理和服务水平。

会议邀请了北京市建设监理协会会长李伟作了《监理行业的形势和发展趋势分析》专题报告。李伟会长指出，行业需要用“自下而上”的思维，拿出改变行业形象、提升行业地位、发挥行业作用的可行对策，积极赢得政府管理部门的支持，通过创新提升行业的整体价值。

## 天津市建设监理协会召开一季度领导层工作会

4 月 13 日上午，天津市建设监理协会 2016 年一季度领导层会议在天大天财会议室召开，协会理事长周崇浩，副理事长霍斌兴、赵维涛、李学忠，监事会成员庄洪亮、孙世雄、陈召忠出席会议，秘书处相关人员列席会议。会议由协会理事长周崇浩主持。

会议首先由协会秘书处赵磊向参会领导汇报一季度协会的工作情况。主要总结了一季度各分项工作计划落实，重点开展了“三委会”的课题研究立项、加强与外省市间交流、完善行业自律管理机制、优化信息化管理水平、第五届监理企业诚信评价及美丽天津争创双优等几个方面的工作，为全年的工作成果落实打下坚实的基础。

会上重点汇报了天津市执业人员继续教育管理暂行办法的实施情况、住建部《关于进一步推进工程监理行业改革发展的指导意见》（征求意见稿）的修改建议、协会向市建委领导汇报工作情况的文件，参会领导结合行业实际，提出了合理的建议。

参会领导讨论通过了三个文件的内容，对部分企业恶意低价竞标扰乱市场秩序、项目监理费计费规则不统一等问题进行讨论，形成共识，加强行业自律，统一标准，有效规范监理市场。

协会秘书处段琳副主任汇报了二季度的协会工作要点，崇浩理事长作了会议总结发言。他指出，一季度各项工作的完成为二季度做好了铺垫，协会今年的工作任务相对比较多，希望各位副理事长、监事会成员能更好地履行职责，真正站在全局高度谋划行业发展，破解行业发展难题，调整优化行业结构，增强创新动力，推进监理行业更加健康有序地发展。

（张帅　提供）

---

## 武汉建设监理协会举办建设监理行业“营改增”政策解读专题培训班

为落实国家财政部、国家税务总局联合发布的《关于全面推开营业税改征增值税试点的通知》的文件精神，充分做好“营改增”政策出台后的各项应对工作，积极面对“营改增”税制改革，根据会员单位需求并结合行业实际，5月7日上午9:00，协会特邀中汇（武汉）税务师事务所专家、总经理刘菊芳女士在湖北大学举办了“营改增”政策解读及应对措施专题讲座，协会会长汪成庆及81家会员单位的企业相关负责人、财务人员近160人参加了培训。会议由副会长杜富洲主持，汪会长作开班致辞。

学员们学习交流热情高涨，求知欲很强。为使培训效果良好，刘菊芳女士以《“营改增”收官之点的全面应对》为题，采用方法与操作结合、案例与实践同步的专题讲解方式，辅以提问、答疑、现场咨询等互动交流方式。她介绍了企业“营改增”的背景、最新的“营改增”政策，对税务种类、计税时间、计税方法等内容进行了解读，并讲解了“营改增”政策对企业的业务模式、投资决策、税务管理、市场经营、采购管理、IT系统、造价管理等方面带来的新变化。同时她就如何应对“营改增”进行了重点讲解，并对监理企业提出了四大建议：一要提高标准化管理程度，二要完善财务制度体系，三要对销项、进项管理有应对措施，四要重视财务策划和风险管理。

通过本次培训，进一步提高了行业相关人员对“营改增”政策的认识和把握，为顺利过渡，全面实现“营改增”起到了积极作用。培训结束后，多位学员针对工作中遇到的实际问题与老师进行积极互动与沟通，收获颇多。

## 住房城乡建设部、财政部、国家税务总局部署全国建筑业和房地产业“营改增”工作

近日，住房城乡建设部召开全国建筑业和房地产业“营改增”工作电视电话会议，动员全国住房城乡建设系统积极配合财税部门，切实做好建筑业和房地产业“营改增”工作。住房城乡建设部部长陈政高出席会议并作动员讲话，副部长易军主持会议。财政部副部长史耀斌、国家税务总局副局长汪康分别就“营改增”相关政策在会上讲话。

陈政高强调，全面推行“营改增”，是党中央、国务院审时度势、适应经济发展新常态采取的一项重大举措。住房城乡建设系统应当深刻领会党中央、国务院的决策部署，充分认识“营改增”的重要意义，充分认识建筑业和房地产业“营改增”在这次税制改革中的重要性。两个行业 2015 年缴纳的营业税占全国营业税总额的 58%，在这次税改中举足轻重。从长远来看，建筑业和房地产业“营改增”，有利于推动行业转型升级，有利于促进企业提高管理水平，有利于规范市场秩序，还有利于加快房地产业去库存的步伐。

陈政高要求，各级住房城乡建设主管部门、各建筑业企业和房地产企业要积极配合各级财税部门，做好两个行业“营改增”工作。重点抓好 5 个方面的工作：一是大力抓好政策宣传工作，做好政策解读工作，帮助企业吃透、用好“营改增”政策；二是做好新税制下的工程计价依据调整工作，力争在 5 月 1 日前调整到位并尽快发布；三是进一步规范市场秩序，加强监管，引导企业完善进项税抵扣链条；四是切实加强企业管理，优化内部组织结构，加快设备更新改造，努力增加抵扣，减轻税负；五是做好跟踪分析和调查研究工作，及时发现新情况新问题，加强与财税部门沟通，不断完善两个行业的“营改增”政策，确保两个行业税负只减不增。

史耀斌指出，全面推开“营改增”是本届政府成立以来规模最大的一次减税，有利于增强企业活力和经济发展动力。考虑到建筑业和房地产业的重要性和特殊性，这次税改对两个行业的“营改增”政策作了一些特殊安排，以保证整个行业税负只减不增。

汪康表示，建筑业和房地产业是全面推开“营改增”的重头戏，税务部门已采取相关措施，切实做好“营改增”后的纳税服务工作，为纳税人创造良好的办税环境。

住房城乡建设部、财政部、国家税务总局以及部分中央管理企业、有关社团负责人在主会场参加会议。各省、自治区、直辖市及新疆生产建设兵团住房城乡建设主管部门，各市、县住房城乡建设主管部门及相关处室负责人，部分一级及以上建筑业企业和一级房地产开发企业负责人，有关社团负责人，共两万多人在分会场参加了电视电话会议。

（摘自《中国建设报》张菊桃收集）

## 两部门清查工程建设领域各类保证金

工程建设领域种类繁多的各类保证金，让建筑业企业背负了沉重负担。对此，住房城乡建设部、财政部近日下发通知，决定开展清查工作，切实减轻企业负担，激发市场活力。

两部门将通过清查摸清现状，提出分类处理意见。对现阶段确需保留的保证金，建立依法有据、科学规范、公开透明的管理制度，切实减轻建筑业企业负担。两部门对清查工作进行统一部署，并加强政策指导、统筹协调和督促检查。各地住房城乡建设、财政部门要联合制订清查的具体工作方案，统筹安排，认真实施。

按照要求，各地住房城乡建设、财政部门负责本地区各类保证金清查工作，提出涉及本地区建筑业企业目前需缴纳的所有保证金取消、保留和调整意见的报告。国务院各有关部门负责提出由本部门所设立保证金取消、保留和调整意见的报告。两部门将对各地上报的各类保证金的处理意见进行审核，会同国务院有关部门研究提出处理意见并经国务院同意后，将保留的涉及建筑业企业的保证金目录清单向社会公布。

两部门强调，清查建筑业企业缴纳的各类保证金情况，关系到经济稳增长，事关建筑业企业发展经营活力和建筑业健康发展。各地住房城乡建设、财政部门和国务院有关部门应高度重视，加强领导，周密部署，严格落实责任，强化监督考核，务求实现清查工作目标。对不按要求落实清查工作、不如实清查及瞒报保证金收取情况的，严肃追究责任。

（摘自《中国建设报》翟立）

---

## 中国建设监理协会机械分会2016年监理企业管理创新研讨会在厦门召开

2016年4月22日，中国建设监理协会机械分会2016年监理企业管理创新研讨会在厦门成功召开。机械分会会长、副会长及各会员单位代表等40余人参加了会议。会议由厦门陆原建筑设计院有限公司承办。

会议首先由李明安会长向参会单位代表简要介绍了中国建设监理协会2016年工作安排，并对机械分会2016年的工作做了部署。

京兴国际工程管理有限公司等15家会员单位就人力资源管理、信息管理、经营管理、综合管理等方面的创新之处进行了交流发言。各会员单位就监理行业现状结合本单位实际情况及各自的实践经验进行了探讨交流。

李明安会长在总结讲话中指出，管理创新是我们未来的主导思想，监理行业需要有创新才会有发展。机械分会要继续搭建好交流平台，为会员单位服务好，要继续做好注册监理工程师继续教育培训及个人会员入会工作；积极参加中国建设监理协会组织的各项活动，完成其交办的各项工作。

（董洁　王玉萍　提供）

# 2016年5月开始实施的工程建设标准

| 序号 | 标准编号 | 标准名称 | 发布日期 | 实施时间 |
|---|---|---|---|---|
| | | 国标 | | |
| 1 | GB/T 51124-2015 | 马铃薯贮藏设施设计规范 | 2015-8-27 | 2016-5-1 |
| 2 | GB/T 51125-2015 | 通信局站共建共享技术规范 | 2015-8-27 | 2016-5-1 |
| 3 | GB/T 51126-2015 | 波分复用（WDM）光纤传输系统工程验收规范 | 2015-8-27 | 2016-5-1 |
| 4 | GB/T 50269-2015 | 地基动力特性测试规范 | 2015-8-27 | 2016-5-1 |
| 5 | GB 51127-2015 | 印制电路板工厂设计规范 | 2015-8-27 | 2016-5-1 |
| 6 | GB 51128-2015 | 钢铁企业煤气储存和输配系统设计规范 | 2015-8-27 | 2016-5-1 |
| 7 | GB/T 51117-2015 | 数字同步网工程技术规范 | 2015-8-27 | 2016-5-1 |
| 8 | GB 51115-2015 | 固相缩聚工厂设计规范 | 2015-8-27 | 2016-5-1 |
| 9 | GB 51118-2015 | 尾矿堆积坝排渗加固工程技术规范 | 2015-8-27 | 2016-5-1 |
| 10 | GB 51119-2015 | 冶金矿山排土场设计规范 | 2015-8-27 | 2016-5-1 |
| 11 | GB 51120-2015 | 通信局（站）防雷与接地工程验收规范 | 2015-8-27 | 2016-5-1 |
| 12 | GB 51122-2015 | 集成电路封装测试厂设计规范 | 2015-8-27 | 2016-5-1 |
| 13 | GB 51123-2015 | 光纤器件生产厂工艺设计规范 | 2015-8-27 | 2016-5-1 |
| 14 | GB 50179-2015 | 河流流量测验规范 | 2015-8-27 | 2016-5-1 |
| | | 行标 | | |
| 15 | JGJ 38-2015 | 图书馆建筑设计规范 | 2015-8-28 | 2016-5-1 |
| 16 | CJJ/T 236-2015 | 垂直绿化工程技术规程 | 2015-8-28 | 2016-5-1 |
| 17 | JGJ/T 368-2015 | 钻芯法检测砌体抗剪强度及砌筑砂浆强度技术规程 | 2015-8-28 | 2016-5-1 |
| 18 | JGJ/T 374-2015 | 导光管采光系统技术规程 | 2015-8-28 | 2016-5-1 |
| 19 | JGJ 337-2015 | 钢绞线网片聚合物砂浆加固技术规程 | 2015-8-28 | 2016-5-1 |
| 20 | CJJ 231-2015 | 生活垃圾焚烧厂检修规程 | 2015-8-28 | 2016-5-1 |
| 21 | CJJ/T 233-2015 | 城镇桥梁检测与评定技术规范 | 2015-9-22 | 2016-5-1 |
| 22 | CJJ/T 235-2015 | 城镇桥梁钢结构防腐蚀涂装工程技术规程 | 2015-9-22 | 2016-5-1 |
| 23 | JGJ/T 370-2015 | 悬挂式竖井施工规程 | 2015-9-22 | 2016-5-1 |
| 24 | JGJ 376-2015 | 建筑外墙外保温系统修缮标准 | 2015-11-30 | 2016-5-1 |
| 25 | CJJ/T 240-2015 | 动物园术语标准 | 2015-11-30 | 2016-5-1 |
| 26 | JGJ 99-2015 | 高层民用建筑钢结构技术规程 | 2015-11-30 | 2016-5-1 |
| 27 | CJJ/T 72-2015 | 无轨电车牵引供电网工程技术规范 | 2015-11-30 | 2016-5-1 |
| 28 | JGJ/T 30-2015 | 房地产业基本术语标准 | 2015-10-21 | 2016-5-1 |

# 2016年6月开始实施的工程建设标准

| 序号 | 标准编号 | 标准名称 | 发布日期 | 实施日期 |
| --- | --- | --- | --- | --- |
| 国标 | | | | |
| 1 | GB 51139-2015 | 纤维素纤维用浆粕工厂设计规范 | 2015-9-30 | 2016-6-1 |
| 2 | GB 51133-2015 | 医药工业环境保护设计规范 | 2015-9-30 | 2016-6-1 |
| 3 | GB 51135-2015 | 转炉煤气净化及回收工程技术规范 | 2015-9-30 | 2016-6-1 |
| 4 | GB 51138-2015 | 尿素造粒塔工程施工及质量验收规范 | 2015-9-30 | 2016-6-1 |
| 5 | GB 51137-2015 | 电子工业废水废气处理工程施工及验收规范 | 2015-9-30 | 2016-6-1 |
| 6 | GB 51134-2015 | 煤矿瓦斯发电工程设计规范 | 2015-9-30 | 2016-6-1 |
| 7 | GB/T 51132-2015 | 工业有色金属管道工程施工及质量验收规范 | 2015-9-30 | 2016-6-1 |
| 8 | GB 51136-2015 | 薄膜晶体管液晶显示器工厂设计规范 | 2015-9-30 | 2016-6-1 |
| 9 | GB 51158-2015 | 通信线路工程设计规范 | 2015-11-12 | 2016-6-1 |
| 10 | GB 51156-2015 | 液化天然气接收站工程设计规范 | 2015-11-12 | 2016-6-1 |
| 11 | GB 50460-2015 | 油气输送管道跨越工程施工规范 | 2015-11-12 | 2016-6-1 |
| 行标 | | | | |
| 1 | JGJ/T 380-2015 | 钢板剪力墙技术规程 | 2015-11-9 | 2016-6-1 |
| 2 | CJJ 45-2015 | 城市道路照明设计标准 | 2015-11-9 | 2016-6-1 |
| 3 | JGJ 366-2015 | 混凝土结构成型钢筋应用技术规程 | 2015-11-9 | 2016-6-1 |

# 住房城乡建设部印发《关于进一步推进工程总承包发展的若干意见》

为落实《中共中央国务院关于进一步加强城市规划建设管理工作的若干意见》，住房城乡建设部近日印发《关于进一步推进工程总承包发展的若干意见》(建市[2016]93号)(以下简称《若干意见》)，深化建设项目组织实施方式改革。

工程总承包是国际通行的建设项目组织实施方式，大力推进工程总承包，有利于实现设计、采购、施工等各阶段工作的深度融合，发挥工程总承包企业的技术和管理优势，提高工程建设水平，推动产业转型升级，服务于“一带一路”战略实施。

《若干意见》围绕进一步推进工程总承包发展，从4个方面提出了20条政策和制度措施。

《若干意见》要求，各级住房城乡建设主管部门要高度重视推进工程总承包发展工作，创新建设工程管理机制，完善相关配套政策，推进各项制度措施落实，促进工程总承包进一步发展。

(摘自《中国建设报》宗边)

本期
焦点

# 聚焦信息化管理与BIM应用

住建部部长陈政高在全国住房城乡建设工作会议上强调，全系统务必全面落实党的十八大和十八届三中、四中、五中全会精神，落实中央经济工作会议精神，落实中央城市工作会议对住房城乡建设工作提出的新目标、新要求，牢固树立创新、协调、绿色、开放、共享五大发展理念。

建设工程监理作为工程建设中的一个必不可少的环节，要认真贯彻和落实会议精神，增强现代通信和网络技术与工程监理、项目管理融合，推动工程监理行业信息技术应用，提升工程监理企业管理和项目管理信息化水平，促进工程监理行业创新发展。本期编辑刊登了部分监理企业在信息化管理和 BIM 应用方面取得的成绩与经验成果供广大企业和监理人员学习和参考。

# 信息技术创新实践助力大型监理企业转型升级

上海建科工程咨询有限公司　张强

**摘　要：** 本文以上海建科工程咨询有限公司（下称“上海建科咨询”）为例，介绍了在当前的工程行业发展背景下，大型工程监理企业在信息技术创新实践的经验与思考，聚焦企业信息化与建筑信息模型（BIM）技术的融合应用对监理企业向工程咨询企业转型升级之助力，探讨大型监理企业如何通过信息技术创新实践提升企业的服务价值、风控能力和运行效率。

**关键词：** 企业信息化　工程监理企业　监理BIM应用　项目管理BIM应用　BIM咨询业务　服务价值　风险控制　运行效率

## 一、大型工程监理企业实施信息化的背景

1. 新常态下监理企业面临的挑战和机遇

“十二五”（2010~2014年）期间全国工程监理企业营业收入8673.03亿元，营业收入年均增长率呈现出逐年下降趋势。

（1）政治环境

挑战——取费标准放开，完全由市场定价，行业竞争程度加剧。

机遇——政府简政放权，行业壁垒逐步打破；政府加强监理责任的同时，鼓励监理企业向全过程项目管理和咨询服务拓展。

（2）经济环境

挑战——国家经济增长进入中高速，固定资产投资增速放缓；监理市场进一步萎缩。

机遇——新型城镇化建设高速推进，催生了大量投资机会；一带一路、亚投行、自贸区建设等为企业拓展国际业务带来了机遇。

（3）社会环境

挑战——人口红利消失，企业用人成本逐年升高；监理咨询服务的社会价值认同较低，强制性监理范围可能缩小。

机遇——社会对建筑工程质量要求显著提高，市场监管更加严格，市场秩序日益规范；生态文明建设成为国家战略重点，节能环保、环境污染治理等领域市场潜力巨大。

（4）技术环境

挑战——工业化、绿色建筑等新技术、新工艺不断涌现，工程建设管理难度日益增加；客户需求日益多元化，全过程工程管理咨询服务需求增加，对企业技术能力提出了新要求。

机遇——智慧城市、信息技术、互联网+等对未来城市建设运营服务市场有明显带动作用。

2. 信息技术创新的必要性

（1）监理行业变革发展的需要

我国经济发展已经进入新常态，行业竞争空前激烈，市场总量增幅下降，与此同时，随着建筑

信息化的推进，新技术的应用要求工程监理企业的服务定位不能再局限于以往的“质量安全卫士”，传统的业务模式将发生根本性变革。以上海市为例，市政府办公厅在 2014 年就正式发布了《上海市推进 BIM 技术应用指导意见》，对工程建设采用 BIM 技术提出了明确的规划和要求，信息化应用之路势在必行，工程监理企业的业务开展和服务方式也必须符合信息化发展的要求。

（2）监理企业转型升级的需要

工程监理企业的信息化建设是顺应行业趋势的要求，更是满足自身发展的需要。工程监理企业作为工程第一线的参与者，直接掌握了从开工准备到质保期结束的大量工程信息，而信息化应用的一大关键因素是工程信息（上至设计文件的技术要求指标，下至工程现场每一个检验批的施工记录）。此外，大型工程监理企业往往在某一类特定专业领域已经积累了多个项目的基础数据，可以从中提取并分析提炼出很多有参考价值的关键信息，用以提高企业自身的服务质量和价值。

从以上内外两方面因素看来，作为大型工程监理企业，既应该承担起引领行业发展的使命，在信息化实施方面有所突破，又应该利用自身充分的项目经验积累，为信息化服务转型提供技术支撑。

## 二、上海建科咨询信息技术创新实践之路

1. 上海建科咨询企业信息化发展

从 2006 年开始逐步建成了涵盖项目管理、协同办公、知识管理的企业信息平台，实现了包括流程管理、业务管理、信息交互等在内的众多功能。但随着企业规模的发展，业务范围的扩大，技术手段的升级，原有的信息系统对业务开展和管理决策的支撑明显不足。

建科咨询有综合管理系统和项目管理系统两大核心系统，两套 EAS 软件，两个单机系统，两大核心系统中相关核心业务功能并未完全建立，职能性功能需要完善。

综合管理系统的使用对象包括总部各部门、各事业部及各子公司；项目管理系统的使用对象包括各事业部、招标代理业务部和造价咨询公司；财务 EAS 系统由财务部和各子公司使用；人力 EAS 系统由人力资源中心使用；各事业部人力条线使用人力资源单机软件；另外现有 5 个事业部在使用成本单机软件。

业务覆盖度：业务覆盖较全面，应用系统已经包含了监理、造价、招标代理、项目管理项目，工程咨询项目未纳入系统。从综合管理上，合同、人员、财务、质量等管理内容已经包含完整，但功能上需要进一步加强。

系统建设：总部各职能中心、各事业部和子公司的信息系统覆盖范围较广，但存在单机软件、自有软件的情况，未来整合是一种趋势。

从信息系统应用效果和在事业部、子公司的信息化功能覆盖来看，建科咨询的整体应用水平需要提升。

为此我们于 2015 年开始了企业信息化再造，并制定了信息化三年行动计划，致力打造一个基于统一数据基础的“多项目整合 + 资源协同 + 知识共享”的流程型企业管理 + 工作平台，通过信息化主动创造价值，支持决策与管控，提升整体运营效率。

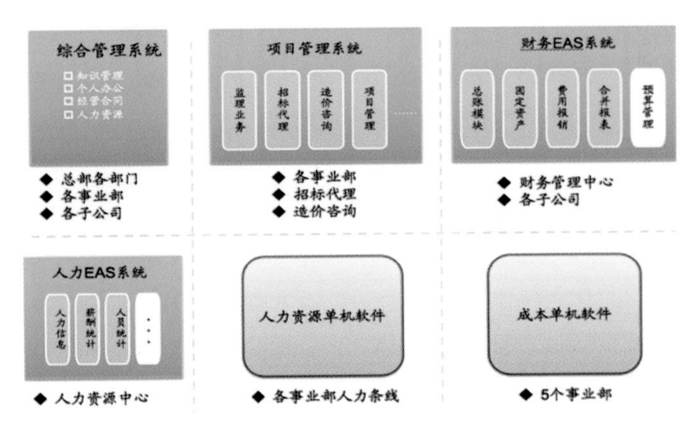

2. 上海建科咨询 BIM 技术应用能力打造

BIM 技术应用的意义是使建设项目信息在规划、设计、建造和运维各阶段各参与方中充分共享和无损传递，为建设项目全寿命周期的管理决策提供可靠依据。上海建科咨询开展了 40 余项 BIM 技术应用项目实践，形成了基于 BIM 的项目全过程管理、精细建造和智慧运营的技术服务能力。

（1）深耕核心业务开展 BIM 技术应用，提升监理服务质量与价值。

提出了“核心业务 BIM 化”的思路，将作为公司核心业务的工程监理服务与 BIM 技术结合起来，利用 BIM 技术辅助图纸会审、现场质量安全管理、现场实测实量及质量验收等监理工作，紧密结合监理业务工作与流程，提高现场沟通和问题解决的效率，提升监理的服务质量和价值。目前，上海建科咨询已经在上海中心、中国博览会会展综合体、上海迪士尼乐园、上海瑞金医院质子中心等多个复杂重点项目的监理工作中开展了 BIM 应用实践，获得了宝贵经验，并作为监理 BIM 应用样板项目在公司进行示范推广。BIM 技术逐渐作为公司在开展监理业务的必备工具，目前公司结合 BIM 技术开展主营业务的单位占公司业务部门的 60%。经过大量的项目实践，我们一方面形成了众多基于项目的监理 BIM 实施标准。另一方面也探索性地开发了基于监理的 BIM 信息平台，为今后进一步拓展咨询服务的范围和内容打下了基础。

（2）构建基于 BIM 的全过程项目管理体系，提高项目管理效率。上海建科咨询立足于建设项目的规划、设计、施工、运维的全过程项目管理与 BIM 的融合，优化形成了 BIM 应用情境下的项目管理业务流程，为业主提供了基于 BIM 的全过程项目管理服务，大大提升了项目管理绩效。在公司承担的世博发展集团大厦项目 BIM 服务中，为业主制定了基于 BIM 的全过程项目管理体系，为业主进一步明确对参建各方的 BIM 应用要求以及基于 BIM 的工作流程提供了指南，该体系贯穿项目的实施过程，最终实现优化项目设计、缩短项目建设工期和控制项目投资的目标。

（3）搭建项目 BIM 集成管理平台，实现精细化建造管理。建设项目信息的集成是公司致力研究和实践的焦点，BIM 为建设项目信息的集成提供了载体，上海建科咨询自主研发的面向业主基于 BIM 的建设项目协同管理平台，让项目各参与方实时掌控项目建造过程的进度、投资和质量信息，辅助精细化建造管理。在中国博览会会展综合体项目中，以“精细化过程管理、提高设计施工质量、提高各方协调效率”为 BIM 工作目标，搭建 BIM 集成管理平台促进参与各方数据共享与信息交换，优化了建设项目管理流程。尤其是在钢屋面和幕墙等复杂系统的深化设计和施工上实现零碰撞，为项目提前 6 个月竣工奠定了基础。

（4）开发基于 BIM 的运维管理系统，实现智慧运维和管理。BIM、大数据与物联网的结合，为实现建筑智慧运维提供了可能。上海建科咨询对既有建筑的运营模式和运营数据进行收集和分析，开发基于 BIM 的运营管理系统，实现设施空间实时状态管理、实时构建健康监测信息反馈以及智能化运维预警。在浦东国际机场 T1 航站楼的钢结构、屋面及幕墙等复杂系统率先应用基于 BIM 的运营管理系统，对各复杂系统的运维计划进行智能化预警，确保人流密集的公共建筑的设施安全。

3. 企业信息化和 BIM 的融合发展

我们一直将企业信息化作为建筑信息化应用的重要的配合、推动手段，不断积累着 BIM 业务的经验和数据，并根据业务的发展进行开发和更新。近年来，上海建科咨询每年自主在信息技术创新应用研发投入大量的人力和物力，承担了国家、上海市和院集团自主研发项目 17 项，系统研究了 BIM 在项目建设全过程中的关键技术与应用模式。结合公司“核心业务 BIM 化，BIM 业务系统服务化”的发展愿景，通过全员 BIM 能力建设，从建设项目的策划阶段 BIM 应用、基于 BIM 的监理管理系统、基于 BIM 的竣工验收方法和体系到基于 BIM 的运维管理平台的研发，形成了上海建科咨询 BIM 软件自主研发与公司业务发展相结合的模式，打造面向业主的基于 BIM 的全生命周期项目管理咨询服务模式。同时，通过 BIM 导入工程咨询业务和实际项目的典型 BIM 应用，在数字化管控技术以及运维关键技术取得了重大的突破。目前，共申请了 BIM 相关专利 5 项，开发 BIM 软件掌握 11 项，建立了企业级 BIM 应用云平台，项目全过程运用 BIM 技术能力。

此外，为实现工程建设的全过程信息集成与协同应用，上海建科咨询开展了面向建筑业全产业链的 BIM 数据标准研究，梳理不同阶段、不同建设项目参与方的 BIM 业务需求以及业务流程，探索基于 BIM 的设计、施工及运维信息交互标准。通过数据集成、资源协同和知识共享，实现企业信息化与 BIM 技术的融合，为公司全面开展面向业主的全生命周期项目管理咨询服务模式提供有力的技术支撑，打造工程咨询服务价值链，提升高端咨询能力。

（1）实施前提：数据集成

通过“多项目整合”，打破项目之间的“信息孤岛”，对众多工程项目全阶段过程及结果同时进行把控。以前我们决策做不做某个工程项目的时候，往往搞不清楚我们现在到底有哪些资源和经验可用，要花大量的时间去收集这些信息，真正留给决策的时间其实很少。通过企业信息化建设，把来自不同项目的数据进行汇总，形成全面的业务数据库，并结合人事、财务、经营等数据进行加工分析，输出及时准确的数据报表，支撑管理决策。比如现在通过电脑或者手机就可以实时掌握 300 多个在建项目的进度情况、风险管控情况，也能够知道 4000 多名员工目前在各个项目上的配置情况，大大提高了决策的科学性。

（2）实施推动：资源协同

通过“资源协同”，打破“管理层级、业态壁垒、地域界限”，使总公司、事业部 / 子公司和项目部之间的信息能够上下贯通，帮助公司解决跨部门、跨地域之间的协作、沟通困难等问题。公司总部想要开展新业务时，能够对分散在各部门、各地区的所有可用的人、财、物资源进行统一调配，也能够根据各部门业务开展情况的实时信息反馈作出新的业务决策，构成一个螺旋上升的循环过程，不仅提高了管理效率，也提高了企业对市场的应变能力。

（3）实施保证：知识共享

通过“知识共享”，实现项目经验结构化积累和复用，沉淀各个工程项目运作中的经验教训，成为一个“有记性的企业”。梳理企业业务流程，罗列现有职能与项目管理标准，提升了员工对现有管理、业务知识的认识深度与广度；打通知识通道，把专家个人的经验，以信息平台总结起来，为企业所用，由依靠现场人员转为依靠公司后台力量完成项目，实现专家能力的复制。

## 三、思考与展望

通过对上海建科咨询的信息化发展之路的回顾总结，作为大型工程监理企业，在经历了近 10 年的 BIM 探索之路，我们仍在继续探索监理企业如何进行业务创新、服务模式创新和管理模式创新。希望借助信息技术创新，在“十三五”的开局之年，进一步明确企业的战略布局，打造一体化全生命周期咨询服务体系、进一步提升行业知识与咨询能力、科技创新能力和产业咨询整合能力，更好地为客户创造价值。

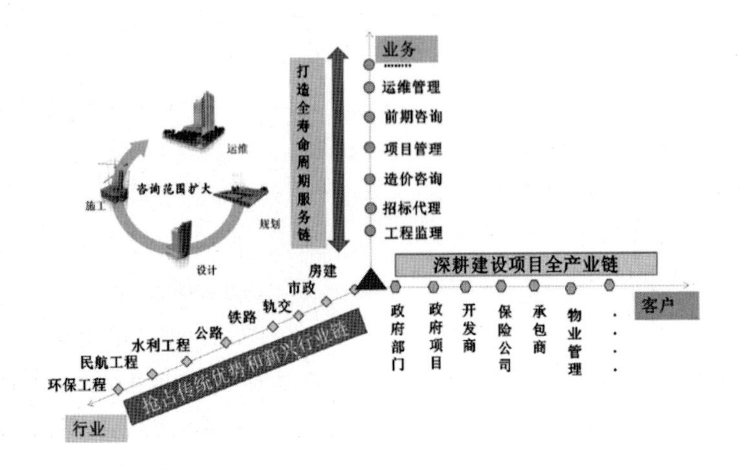

# 运用BIM技术创新监理工作的模式和方法
## ——浅谈中国尊大厦监理BIM的应用体会

北京远达国际工程管理咨询有限公司 覃庭勇 杨子剑

**摘　要：** 监理一般不会主动建模，但监理在BIM工作中应做些什么，起到哪些作用，BIM技术的应用对监理工作带来哪些影响，如何运用BIM技术提升监理服务品质是监理行业应该关注的问题。本文为中国尊大厦项目监理BIM应用的一些体会，同时对运用BIM技术创新监理工作的模式和方法进行探讨。

**关键词：** BIM技术　创新　工作模式和方法

## 一、工程概况

中国尊大厦项目位于北京市朝阳区CBD核心区Z15地块，建成后将是一栋集甲级写字楼、高端商业及观光等功能于一身的综合建筑。建筑高度528m，地下7层，地上108层，地上总建筑面积35万$m^2$，地下建筑面积8.7万$m^2$。塔楼外形以中国传统宗教礼仪中用来盛酒的器具“樽”为意象，平面为方形，向上到顶部又略微放大，但顶部尺寸小于底部尺寸。主塔楼为筒中筒结构，内部为型钢混凝土核心筒，外筒由巨型支撑和巨型框架以及次框架组成，内外筒共同构成多道设防的抗侧力结构体系。

## 二、中国尊大厦监理 BIM 组织架构及职责

1. 监理 BIM 组织机构

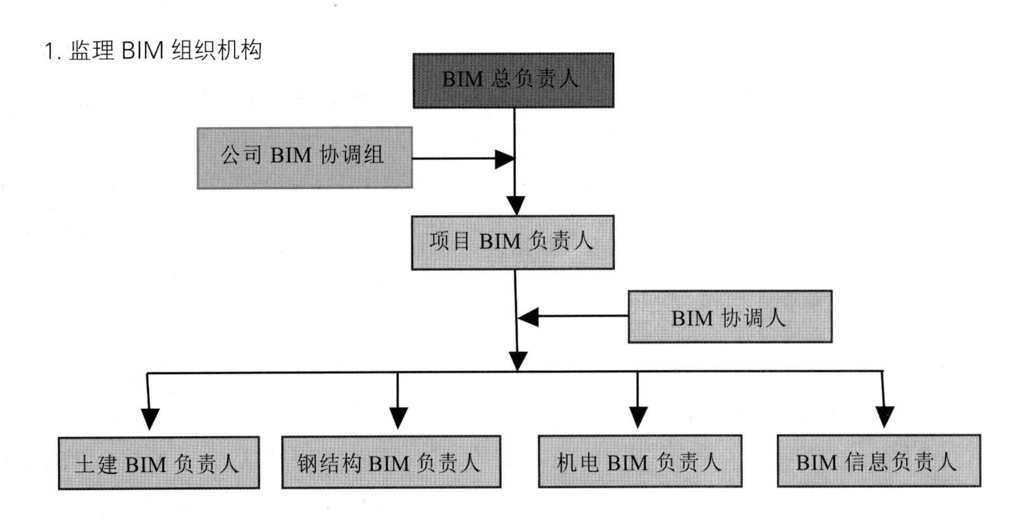


2. 监理各岗位 BIM 工作职责

| 人员 | 工作职责 |
| --- | --- |
| BIM总负责人 | 1.负责主持监理BIM工作<br>2.负责项目监理涉及的BIM资源的审批 |
| 公司BIM协调组 | 1.协助项目监理部开展BIM工作<br>2.负责对项目BIM人员进行培训<br>3.协助项目监理部进行BIM检测工作<br>4.对项目监理部BIM工作的开展情况进行检查 |
| BIM负责人 | 1.主持项目监理部日常BIM工作的开展<br>2.与项目各参建单位进行对接，以便于更好地开展BIM监理工作<br>3.定期召开项目监理部内部会议，布置BIM工作的责任落实<br>4.负责本项目BIM相关设施的采购申请<br>5.做好人员分工，对项目监理部BIM参与人员进行考核 |
| BIM协调人 | 1.协助BIM负责人开展项目监理部BIM工作<br>2.负责BIM模型的收集、管理<br>3.对专业工程师进行BIM日常培训<br>4.收集、汇总项目部各专业BIM相关工作的意见<br>5.参加项目BIM工作相关会议，对专业工程师进行传达<br>6.负责BIM检测工作的协调 |
| 土建专业<br>BIM负责人 | 1.负责组织土建、装饰、幕墙专业工程师对本专业BIM模型与图纸进行核对检查，将意见进行汇总<br>2.负责组织本专业工程师对施工方案涉及的BIM模型与现场的一致性进行审核<br>3.负责组织本专业工程师对BIM模型实施过程进行监督<br>4.参与本专业BIM检测 |
| 机电专业<br>BIM负责人 | 1.负责组织机电专业工程师对本专业BIM模型与图纸进行核对检查，将意见进行汇总<br>2.负责组织本专业工程师对施工方案涉及的BIM模型与现场的一致性进行审核<br>3.负责组织本专业工程师对BIM模型实施过程进行监督<br>4.参与本专业BIM检测 |
| 钢构专业<br>BIM负责人 | 1.负责组织钢构专业工程师对本专业BIM模型与图纸进行核对检查，将意见进行汇总<br>2.负责组织本专业工程师对施工方案涉及的BIM模型与现场的一致性进行审核<br>3.负责组织本专业工程师对BIM模型实施过程进行监督<br>4.参与本专业BIM检测 |
| BIM信息负责人 | 1.负责项目BIM信息档案管理<br>2.关注业主的PW平台，及时跟踪、下载相关信息<br>3.负责项目监理部BIM成果的提交和报送 |

| 模拟内容 | 负责单位 | 对应方案 | 计划时间 | 格式要求 |
| --- | --- | --- | --- | --- |
| 施工组织设计模拟 | 总承包单位 | 施工组织设计 | 第一次施工组织设计方案确定30天内 | 视频和模型 |
| 施工组织设计模拟视频更新 | 总承包单位 | 施工组织设计 | 项目竣工后30天内 | 视频和模型 |
| 钢平台施工方案模拟 | 总承包单位 | 顶升钢平台施工方案 | 顶升钢平台开始前30天内 | 视频和模型 |
| 钢结构施工方案模拟 | 总承包单位<br>钢结构 | 钢结构安装专项方案 | 相应部位开始前30天内 | 视频 |
| 地上结构施工模拟 | 总承包单位 | 结构施工方案 | 相应部位开始前30天内 | 视频 |
| 幕墙安装模拟 | 幕墙安装单位 | 幕墙工程施工方案 | 相应部位开始前30天内 | 视频 |
| 机电安装模拟 | 机电总包 | 机电安装施工组织设计 | 相应部位开始前30天内 | 视频 |
| 塔吊爬升模拟 | 总承包单位 | 塔吊爬升专项方案 | 相应部位开始前30天内 | 视频和模型 |
| 超高层混凝土泵送模拟 | 总承包单位 | 超高混凝土施工方案 | 相应部位开始前30天内 | 视频和模型 |
| 施工电梯协调方案模拟 | 总承包单位 | 施工电梯实施方案 | 相应部位开始前30天内 | 视频和模型 |

## 三、中国尊大厦监理 BIM 工作内容

### （一）施工方案及模拟的审核

很多项目都是在工程实体中按照图纸建立BIM模型，其实，BIM技术在超高、超大项目中措施性方案的可实施性方面作用也很大。监理单位可以利用BIM模型或相应的视频辅助审核方案，达到很好的效果。

### （二）深化设计及相应的 BIM 模型的审核

1. 土建工程

（1）对照结构与建筑模型，校准轴线、标高及结构尺寸。

（2）对照结构设计总说明与图纸大样注释，校准模型各标高段与结构部位混凝土等级。

（3）对照结构设计总说明与标准图集，校核钢筋搭接、锚固、节点大样做法。

（4）对照结构、建筑与机电模型，校准管道与设备预留预埋洞口、构件。

巨柱、钢板墙、钢筋组合结构BIM模型

2. 装饰工程

（1）深化设计是否满足原建筑设计要求。

（2）选用材料是否满足合同、技术规格书及使用要求，材料标注是否清楚，材料性能是否满足相关规范要求。

（3）饰面安装排布是否满足评奖质量标准。

（4）核对节点做法是否齐全，节点做法是否合理。

（5）核对装饰与其他专业交接界面是否存在问题，是否满足通风空调、给排水、电气等机设备及末端的安装。

3. 幕墙工程

（1）深化设计特别是立面效果是否满足原设计要求。

（2）埋件位置及留置是否满足安装要求。

（3）材料是否标注清楚，材料性能满足规范要求。

（4）各个安装节点做法是否齐全合理。

（5）墙体节点设计是否合理达到四性试验要求。

（6）防火设计节点做法是否满足要求。

（7）防雷设计节点做法是否满足规范要求。

（8）幕墙安全方面深化设计如材料、节点等满足规范要求。

4. 钢结构工程

（1）在设计过程中结合制作、运输、安装、其他相关专业等综合因素，对构件进行分节分段，以满足加工、运输、安装等各工序的正常工作需要。

（2）对工厂、运输及现场临时措施节点进行设计。

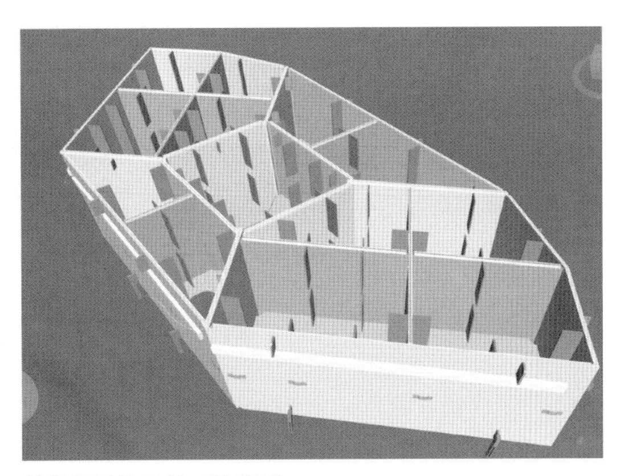
单节钢结构巨柱三维模型

（3）审查校核深化设计图的质量，是否符合原设计的节点构造要求。

（4）对照图纸及模型，协调处理土建、机电等专业与钢结构之间的关联问题，确保钢结构工程的顺利进行。

5. 机电工程

（1）根据机电工程各专业的技术规范要求，对各专业 BIM 模型的正确性、完整性进行核对和补充。

（2）解决专业内部的碰撞问题，对照综合深化后的机电模型与土建结构模型和钢结构模型，校准机电预留预埋孔洞、铁件位置，设备基础位置。

（3）对照土建、机电模型，校准管线预留槽、留洞部位、标高。

### （三）BIM 实施过程的监督

1. 监督各施工单位 BIM 工作组织机构的建立

监理在工作过程中，要求各施工单位申报 BIM 工作组织结构并核查人员、硬件投入是否到位，如发现问题及时提出并向建设单位报告。

2. 要求总承包单位、机电总包申报 BIM 工作方案

监理单位要求总承包单位、机电总包申报 BIM 工作方案，重点审核 BIM 执行目标、组织架构及分工、BIM 执行进度表、BIM 执行流程与要求、BIM 技术标准、BIM 质量控制、BIM 成果交付。

3. 参与 BIM 工作会议

按照总承包单位、机电总包 BIM 工作方案，定期参加 BIM 工作会议，了解 BIM 工作进展情况，提出监理的意见和建议，更好地安排监理 BIM 工作的开展。

4. 对 BIM 模型的执行情况进行监督

BIM 模型建立后，关键在于执行与落实。在过去传统施工质量验收过程中，监理人员只能手持图纸到现场进行验收，既不方便还容易出现错漏。而当项目采用 BIM 技术后，监理在验收过程中，将 BIM 模型作为验收的依据之一，为每个监理工程师配备 IPAD，将 BIM 模型、图纸、施工验收规范作为标准配备，在 IPAD 内可以很方便地找到，供监理工程师工作使用。在验收过程中发现问题，及时与 BIM 模型、图纸进行对应，对不符合图纸及 BIM 模型的施工情况及时发出监理指令并跟踪其整改情况，比传统验收方法更为方便、准确。

5. 督促 BIM 竣工模型的建立

根据业主对竣工验收阶段 BIM 工作的要求，在施工阶段确定的设备信息，各分包需及时加入模型，对施工过程中产生的变更，各单位需及时更新模型。监理单位及时跟踪、检查各施工单位 BIM 竣工模型的建立情况，发现问题及时向建设单位汇报。

### （四）BIM 实施效果的检测

1. 检测方法

BIM 模型实施效果的检测与监理的验收结合起来，可作为监理企业的新的利润增长点。通过三维激光扫描仪，可以精准地获取施工现场的实际外形的点云数据。通过专业的后处理软件，点云数据可以与 BIM 数据拟合进行比较，从而达到检测的目的。

2. 检测步骤

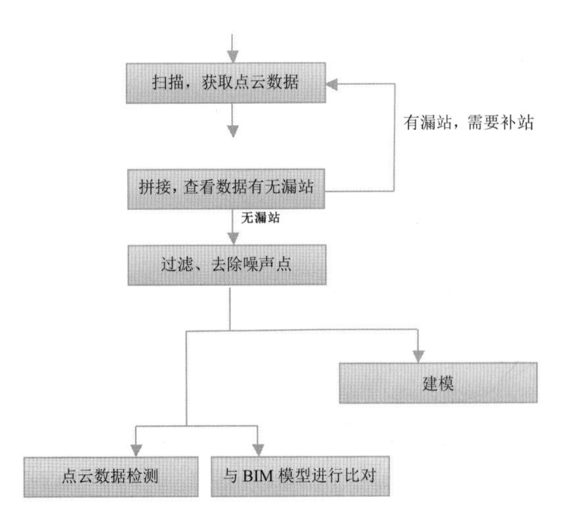

## 四、中国尊大厦监理 BIM 工作的几点体会

### （一）通过 BIM 技术的应用，图纸由 2D 向 3D 转换，更为直观、便捷，诸多优点引导监理人员自觉地运用 BIM 模型开展工作

1. 在结构施工过程中，钢筋的种类以及排布方式、间距、下料及弯折长度、体积，管线的材质、内外直径、连接方式等信息全部在模型上充分体现，使工程师能够更便捷、更严谨地开展监理工作，解决现场实际存在的质量问题。

2. 在机电安装过程中，通过三维模型，立体呈现机电管线在结构之中的穿插与走向，直观地体现出组合结构（钢板墙和钢筋的组合）中钢筋和钢板墙之间的相互位置、组合等关系及土建大批量钢筋密集交叉、相互影响的程度。

3. 通过软件快速诊断模型中各构件之间存在的碰撞关系，发现碰撞后在相应 RVT 文件中查看碰撞原因，判断碰撞的真实性，及时与施工单位进行沟通，预防实际作业中出现类似问题。

4. 通过审阅设计院的 BIM 导出图，利用自有 BIM 设备可以提前预控，结合土建、机电等专业人员的经验等提出解决办法，从而促进现场质量、安全等方面的提高，进而促进进度目标实现。实施过程中可携带 IPAD 等，将工程节点 BIM 模型，与现场工程实际相对应，使各专业工作协调更便捷。

### （二）通过 BIM 模型的应用，可以促进监理单位对施工方案的审核

在传统的工程建设过程中，监理单位对于施工单位上报的各项施工方案，很大程度上主要凭借监理工程师的知识水平、工作经验等来进行审核，个人能力的高低决定了施工方案审核质量的好坏，且很难准确地判断方案实施的真实效果。而采用了 BIM 技术的项目，监理单位可以利用 BIM 模型或相应的视频辅助审核方案，对方案实施的过程进行实况模拟，准确地判断方案实施的真实效果，更好地对方案中不合理的部分提出审核意见，保证了方案审核的质量。

例如，在中国尊项目 56000m$^2$ 基础底板混凝土施工前，需要对浇筑方案进行审核，而如此大体量的混凝土浇筑施工，大部分监理人员都未曾经历过，对方案的审核带来一定的困难。此时 BIM 模型便成为了方案审核的一种辅助手段，通过 BIM 技术模拟出底板混凝土施工时泵车的布置、泵管的布置、混凝土罐车的走向、混凝土浇筑的顺序及流向等，十分直观地将原本是文字性的施工方案变成模拟动画，能更好地发现问题并修改原方案。通过 BIM 技术的应用，中国尊项目底板混凝土施工方案得以很好地审核并修改完善，在该方案的指导下，56000m$^2$ 底板混凝土施工顺利完成。

### （三）通过 BIM 技术的应用，可以更快、更精确地对实体工程进行检验、校核

1. 通过激光三维扫描仪对现场实际部位扫描得到点云数据，在后处理软件中表现直观，附带信息量大，点坐标明确，在测量大跨度、大体积、不规则构建时提供快速、准确的数据。

2. 点云数据与 BIM 模型相结合进行比较，是一种现实与计划、实际完成与预前设计的真实比较，直观表现出实际部位完成后与设计的偏差，对工程师验收工作起到指向性、指导性作用，比传统的手工实测实量做法更科学、更准确，更具有说服力。

### （四）BIM 技术需要坚持不懈的投入，紧随技术前沿

BIM 技术比传统的 2D 图纸具备更多优点，但要实现 BIM 技术的应用需要投入的硬件设施要求很高。对于监理单位而言，投入需要的是一种改革创新的勇气，只有坚持不懈地投入，紧随技术发展的前沿，不断创新工作模式和方法，才能适应时代的发展。

## 五、结束语

BIM 技术在最近几年的被越来越多的建设工程领域应用到，特别是在设计、施工领域。但是在监理行业 BIM 技术的应用还比较少，工程监理对于 BIM 技术的应用经验还不是很充分，需要在今后的运用过程中不断地探讨、摸索，加深对 BIM 技术的了解，加大 BIM 技术人才培养力度，运用 BIM 技术创新监理工作的模式和方法，以适应时代的发展和技术的更新。

# 推行工程项目信息化　有效促进监理精细化

山西协诚建设工程项目管理公司　张登记
※本文所介绍项目为实际案例，文中以“A项目”代称。

## 一、背景

A 项目是以高新技术为先导、多行业融合的产业集聚园区，位于国家级经济技术开发区内，规划用地面积约 16.3km$^2$，重点发展应用技术、信息技术、新材料与新能源、光电、化工和装备制造等产业。A 项目工作涉及基地建设前期准备阶段、建设实施阶段、后期服务阶段等建设工程项目管理全过程内容，山西协诚建设工程项目管理公司有幸参与基地建设工程的阶段性项目管理工作，现就在基地项目管理工作中信息化管理的探索和体会总结如下：

## 二、建设工程项目信息化管理的必要性

“工程项目管理信息化”是指通过对信息技术的应用，开发和集成诸多参建单位的信息资源，提高“三控三管一协调”能力、提供决策依据，促进工程项目管理持续不断改进的过程。工程项目参建各方的交互沟通能产生极其庞大的信息量，因而信息的处理及传递很大程度上决定了项目管理的成效。信息化管理技术是提升工程项目管理的系统化、规范化、标准化、精细化的必要手段。信息化的实现可使项目管理企业和项目管理人员能有效履行法定和合同约定的工程项目管理职责，满足政府和业主的要求，提高企业核心竞争力，适应瞬息万变的市场环境，求得最大的社会效益和经济效益，在激烈的市场竞争中立于不败之地。

由于工程建设项目管理，尤其是全过程的项目管理一体化在我国还处于探索阶段，管理停留在学习国外管理模式和理论层面，缺乏对建设工程项目管理一体化方法和手段的研究，针对性、操作性和稳定性不强；业主和项目管理服务机构职能定位不够合理清晰，管理层次较多，管理中存在众多交叉、盲点和结合部，“碎片化”管理仍是当前主流管理模式，远未达到系统、精确、量化和规范的要求；加之建设工程多元化体制和参建各方的利益博弈，以及参建单位现场项目机构的组建特性和人员构成的复杂性，使建设工程项目管理服务企业推行信息化管理较其他行业更迫切、更必要。

## 三、推进工程项目信息化管理的途径

### （一）根据工程特点 在项目顶层管理体系中导入信息化管理

工程项目管理信息化是一项集成技术，关键点在于信息的集成和共享，即实现将关键的、准确的数据及时传输到相应的决策人手中，为工程项目管理的决策提供数据。推行信息化管理首先要夯实基础管理工作，重在精细化管理，就是把大家平时看似简单、很容易的事情用心、精心做好。它要求每一个步骤都要精心，每一个环节都要有数据，每一项工作都做到精致，其内涵就是将“碎片式”管理集成为信息化管理，传统式管理提升为精细化管理。公司在参与基地项目管理之初，就立足探索把信息化、精细化管理理念导入基地建设工程项目顶层管理各环节。从机构的组建，制度、职能设置到

各环节工作流程设计都以信息化、精细化要求，认真策划。总的原则就是复杂的事情细分化，简单的事情流程化，流程化事情定量化，定量的事情信息化。

任何建设工程项目都是独一无二的，不同行业不同建设项目的客观环境不一样，项目管理适宜的方式也不一致，具体实施信息化管理要从项目管理实际情况出发，做出总体规划，各参建单位模块式系统集成，分步实施，这样才能有效地自上而下、覆盖全局地推行。A 项目基地有其独特的地域性、行业性，公司以基地顶层项目管理设计为切入点，消化和吸收国家、行业和地方有关建设工程的政策、规范、标准，掌握精髓，根据自身的情况，制定理性务实的信息化管理“路线图”。路线图设计涵盖从观念转变、层次划分、信息运作、完善标准、建立体系到强化执行、持之以恒等一系列环节。

**（二）转变观念　创新建设工程项目管理理念是我们的必然选择**

企业信息化的基础是企业的管理和运行模式，而不是计算机网络技术本身，信息化建设是人机合一的系统工程，它随着管理理念、实现手段等因素的发展而发展。观念的转变是推进信息化管理的前提。基地建设环境最大的特点是开发区模式建设、行业管理、多方业主、市县区域、多头系统。上述外部环境对我们来说是不可控的，形势要求我们只有不断挖掘内部条件进行信息资源整合，从而转化成业主的可控因素来应对不可控因素的制约。转变观念、创新建设工程项目管理理念是我们的必然选择。首先以创新项目建设管理信息化体制为抓手，结合基地建设“三统一”的原则，公司与业主方共建项目管理平台。项目管理平台是业主方项目管理的创新，即利用双方的资源优势，聚工程项目建设资源与管理经验，开展项目管理咨询、代理和中介服务，提升建设项目管理的综合能力，成为基地工程建设的核心管理力量。

共建项目管理平台，就是项目管理组织架构创新，就是在组织体系导入信息化管理。它既不同于代建制，又不同于甲方委托乙方的项目管理服务，而是业主方管理的拓展和创新，公司现场项目部既是甲方的直属机构，又是协诚的派出机构，创新的管理组织架构不仅是项目管理组织体系的创新，更关键的是体现双方决策者对基地项目管理导入信息化管理的决心和信心。

**（三）从标准化抓起　认真制定标准管理程序**

数据标准化工作是进行信息化建设最基础的工作，是信息化系统整体化和数据共享的基本保证。在基地建设工程项目管理服务中，我们编制了“A 项目基地项目管理标准手册”，全手册共分九章 176 小节近 17 万字。手册内容涉及工程项目的全过程，编写原则引进信息化管理中的标准作业程序，将基地建设管理各阶段某一事件的标准操作步骤和要求以统一的格式描述出来，用来指导和规范日常的项目管理工作。如基地规划管理分为基地总体规划、基地分区规划、基地详细规划、基地建设项目选址规划、建设用地规划许可、建设工程规划许可、市政工程规划 7 个事件，对事件的管理内容要点、管理流程、审批程序、所需资料、办理目标等内容以统一格式表述。标准作业程序的核心，就是要将细节进行量化，通过把每一项工作流程化、标准化、具体化，来提高各个部门之间的协作效率以及每个员工的效率，进而实现“人与机的完美结合”，尽量做到“一切用数据说话”，这是编制手册的重要原则之一。用更通俗的话来说，标准管理程序就是对某一程序中的关键控制点进行细化和量化，是对一个过程的描述，而不是一个结果的描述。同时，标准管理程序又不是制度，也不是表单，是流程下面某个程序中控制点如何来规范操作的具体“步骤”，是实实在在的，具体可操作的，而不是理念层次上的东西。对于管理人员来说，就是一切运行活动都应该有数据或图表来反映。所谓标准化，在这里有最优化的概念，即不是随便写出来的操作程序都可以称作标准作业程序，而一定是经过不断地实践、总结和优化，在当前条件下可以实现，并且可以不断改善的操作程序设计。简单地说，就是尽可能地把相关操作步骤进行细化、量化和优化。细化、量化和优化的“度”，就是在正常条件下大家都能理解又不会产生歧义。标准化，可以确保以最安全有效的工作方式被确定下来并重复采用，这对项目管理团队都有好处。就最基本的层面来说，工作无论由谁去做，标准化都能确保任务以同样的方式完成，也能够对工作任务进行考核评价。同时，标准化的流程也应该图示化，让管理者熟悉并遵守。标准化也为培训提供了基础，为改善提供了基准。工作的标准，应该是灵活而非教条、僵化的文件，需要由管理这个标准的专业人员来持续更新。一旦流程优化，标准也应更新以跟上变化的情况，只有实现数据的标准和统一，业务流程才能通畅流转；只有实现数据的有效积累，决策才有据可循；只有数据准确，才能保证系统的完善。

**（四）工程项目的信息化管理必须与精细化管理有机融合**

精细化管理是对工程项目基础管理工作的细分、提升，就是在项目管理中建立精确数据库。离开精确的数据支撑，信息化建设的任何系统都将变得没有意义。离开信息化管理，精细化管理也将无法实现。信息化管理和精细化管理互为依托、互相促进。

为建设好基地的基础信息资源、工程信息资源、技术保障信息资源，为信息化应用系统提供支撑，公司根据基地建设工程项目管理服务内容的特点，以模块划分、信息运作为重点，将所管理的对象逐一分解，量化为具体的数字、程序、责任，使每一项工作内容都能看得见、摸得着、说得准，使每一个问题都有专人负责。为适应基地项目“三统一”的管理原则，项目管理以基础制度体系化建设先行为切入点，首先编制完成了基地项目总体服务方案、基地项目管理大纲、基地项目管理手册、基地系统保障项目总体方案等各类方案。方案编写建立目标细分、标准细分、任务细分、流程细分等内容。各类方案均是动态的，随建设工程的推进，方案定期调整，为信息化建设奠定了数据化基础。

以建立信息资源共享机制和平台为主线，组织编制了基地项目信息化建设方案。方案建设的目标主要是项目建设全过程信息集成。如：批准文件、许可文件、规划设计、合同文件、设计变更、会议纪要、项目综合管理、验收文件等园区建设全过程信息，以便更好地对项目施工进度控制、质量控制、成本控制，提高工作效率。

我们在基地建设工程项目管理中导入信息化管理的实践证明，成功实施信息化管理的前提在于领导重视，在于选择合适的切入点和科学合理的路线图，在于针对工程特点对规范、标准、流程的细化展开，在于管理人员适应信息化管理的执行力；因此，大力推进信息化管理，首先就要转变各层次项目管理人员的思想观念，追求“无缺陷”，追求完美，追求卓越，永无止境地追求尽善尽美，使信息化管理在建设工程项目管理中焕发出强大的生命力，成为推动建设工程项目管理向更高境界发展的重要通道。

**（五）建立学习型团队　不断创新改进 提升信息化管理水平**

当今管理突显三大特征。第一，专业交叉。第二，知识融合。第三，专业技术集成。这三大特征，折射出两个重点，就是管理团队融合与执行力。信息化体现的是集成融合，精细化体现的是执行力，而我们工程项目管理的短板恰恰就是复合型人才的培养与大系统团队执行力的建设。基地积极开展创建学习型团队活动，营造对信息化管理持续改善与提高的良好氛围。

创建学习型项目管理团队强调“全过程学习”。即学习必须贯彻于项目管理的整个过程之中。不要把学习与工作分割开，应强调边学习边准备、边学习边计划、边学习边推行。只有持续不断地探索学习，才能不断提高、不断改善。公司要求专业人员关注日常工作中工作流程、工作方法是否完善，发现问题要从基础管理工作查原因，并提出建设性的改善意见或构思，各参建单位动态地完善各相关项目管理细则。信息化的改善是永无止境的。如：我们负责编报的“基地系统保障项目建设月报”，开始以规范的格式编排，以照片和文字结合表述项目建设形象进度，但我们搜集到反馈的信息，基地建设工程照片有很多相似，不能准确判断所示位置，基地建设实质上是开发区模式建设，涉及项目多，我们探索设计新的格式反映项目部对项目全过程全要素管理，以图形化展示项目进度，统揽所有在建项目形象进度情况，便于监控管理。以基地道路形象进度月报为例：①基地道路进展总体示意图；②本月在建道路示意图；③本月在建道路施工现状照片及说明；④道路及道路附属管网工程进度横道图；⑤小结。下图示为某段道路示意图。

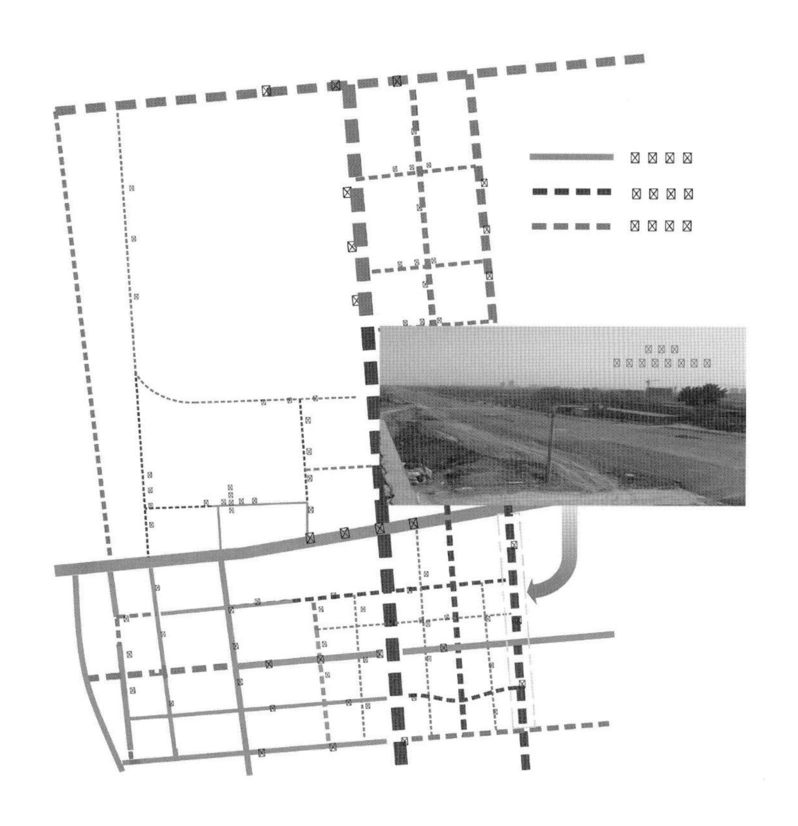

以基地入园项目系统保障项目月报内容为例：①A项目周边道路建设示意图；②水、电、热、燃气等设施保障建设示意图（分别作图示意）；③小结。下图示为某入园单位供热管网进展示意图。

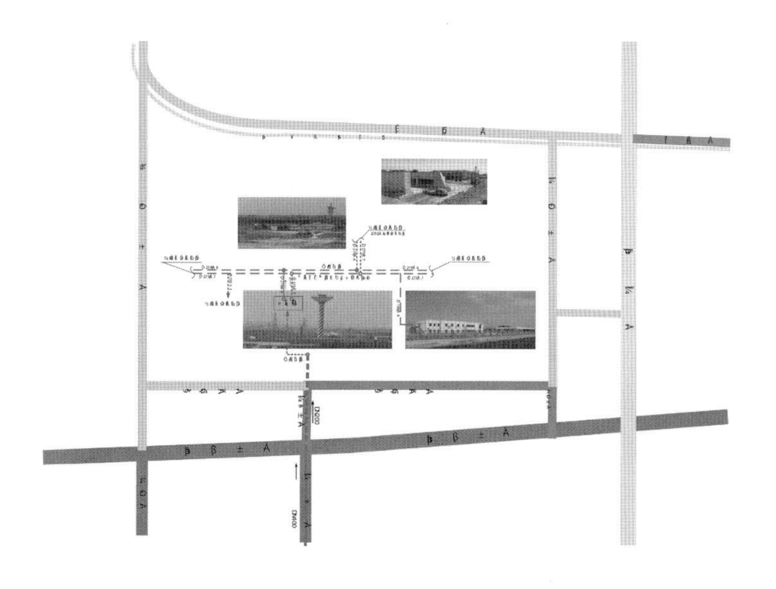

建设月报之例，只是说明根据基地的特点，对日常工作的细化、优化。月报实现了项目全过程要素管理，涵盖了项目进展的全过程；图形化展示了项目进度，统揽所有竣工、在建、未建项目的情况，便于监控和管理；管理系统预警功能，及时提醒领导相关的事件进展与状态，免除遗忘；专业人员项目管理平台，展示全方位的项目信息和关注点。

对日常管理工作持续改善就是信息化管理提升的过程。一是要系统策划、深度融合。要把项目精细化管理工作的改善与提高活动与推进信息化管理融为一体，形成组织体系统一、工作流程统一、管理要求统一，相关专业协作配合的组织体系和运行机制。二是要规范流程，科学评估。要形成项目管理工作收集、界定、实施、推广、成果转化和反馈的 PDCA 循环流程机制，对需要改进的工作及时论证实施。三是细节入手，贵在坚持。加强信息化管理之路是漫长的，不可能是一朝一夕、一蹴而就。四是要有效激励。要激励专业项目管理人员立足本职岗位，提出本专业项目管理改善建议的积极性，使他们的聪明才智得到发挥。对合理化建议项目管理领导者要评审签字，如果觉得仅靠专业人员的能力实施不了，就要上报给公司，公司觉得这个建议有价值推广，应请专家评审，层层审核评价后实施。要激励专业人员每天都思考在自己的岗位上需改善的工作，要立足项目、立足专业、立足现状来改善原有的工作，逐步形成全员持续改善的良好习惯和文化氛围，只有这样才能不断提升信息化管理水平。

## 四、结语

上面所谈是我们在工作中的初步探索和粗浅体会，事实上很多同行单位对信息化管理积累了很多经验。我们仅在行业基地区域建设工程的管理层做了点探索，既不系统，也不全面。但我们坚信一个理念，坚持做好就是不简单，把每一件平凡的事做好就是不平凡。信息化管理需要我们共同一步一步去探寻，一遍一遍去论证，一次一次去总结，业绩源于点滴的积累，重在实践，贵在坚持！

# 工程监理信息化技术在港珠澳大桥岛隧工程的应用

广州市市政工程监理有限公司　周玉峰

港珠澳大桥工程规模巨大、建设标准高、建设条件复杂、科技含量高、建设周期长，不少技术是国内甚至是世界首次应用；而且在“一国两制”体制下一桥通三地，其史无前例的特殊性，需要在建设及营运管理上体现出与工程规模、标准及技术难度等相应的一流管理水平，为达到这些要求，工程管理中建立了与之相适应的高标准一流的信息化管理系统。其中岛隧工程是港珠澳大桥的控制性工程，工程监理信息化在岛隧工程的应用体现在如下几个方面：

（一）网络信息化平台在港珠澳大桥工程监理的广泛应用；

（二）工程监理的信息化监控在保证混凝土结构的施工质量上的应用；

（三）高度集成化数据监测信息技术在沉管浮运安装监理的应用；

（四）信息化技术在工程监理测量技术上的应用；

（五）工程监理运用信息化手段进行工程验收。

## 一、港珠澳大桥工程简介

### 1. 工程基本概况和难点

港珠澳大桥是我国继三峡工程、青藏铁路、南水北调、西气东输、京沪高铁之后又一重大基础设施项目，岛隧工程是其主体工程重要组成部分。

岛隧工程是港珠澳大桥主体工程技术最复杂、建设难度最大的部分，要在软弱地基上建设迄今世界上最长、断面最大、埋深达 45m 以上的海底沉管隧道，在水深 10m 且软土厚度 60m 以上的海水中建造人工岛，实现海中岛隧连接。

本工程沉管隧道是目前世界范围内长度最长、断面面积最大、埋深最深、综合技术难度最大的沉管隧道，长距离通风及安全设计、超大管节的预制、复杂海洋条件下管节的浮运和沉放，高水压条件下管节的对接以及接头的水密性及耐久性、隧道软土地基不均匀沉降控制等技术极具挑战性，连接沉管隧道的东西人工岛的技术难度也是世界级的。深厚软土的加固处理、人工岛部分差异沉降的控制、与沉管隧道的连接、岛隧运营阶段的可靠性及耐久性等技术，都是具有巨大挑战的难题。

港珠澳大桥工程包括三项内容：（1）海中桥隧工程；（2）香港、珠海和澳门三地口岸；（3）香港、珠海和澳门三地连接线。海中桥隧主体工程（粤港分界线至珠海和澳门口岸段）由粤港澳三地共同建设；海中桥隧工程香港段（起自香港石湾、至于粤港分界线）。三地口岸和连接线由三地各自建设。

### 2. 工程建设理念

理念要突破：建设世界级跨海通道，必须有国际化理念。以“一国两制三地”建设环境为契机，突破国内固有的建设模式，引进本行业国外顶级设计和咨询团队组成联合体，从管理思路和架构、设计和施工技术、产品品质目标等多方面实现突破。设计、建造、移交及维护都要达到国际先进水平，确保项目使用寿命达到 120 年。

管理要精细：“世界级跨海通道”和“地标性建筑”不仅体现在独特的地理位置和超大的建筑体

量上，更体现在产品的品质上。要通过精细化管理实现全方位高品质，为业主提供一项精致耐久的优质产品，为跨海通道建成后提供优质服务打下良好基础。要让港珠澳大桥实现交通行业上的突破，成为建设工程的典范，实现与自然的充分融合、和谐共存，在茫茫大海之中，既是一座建筑，又是一道美景，更是一篇乐章。

技术要创新：安全、优质、快捷、环保地建成世界级跨海通道，关键要从技术上实现创新。对岛隧工程的诸多难题，要坚定信心迎接挑战，科学创新攻克难题。设计要追求价值工程，保证结构具有优异的抗力性能和耐久性品质；施工要树立国际领先的技术理念，采用环境友好的工法和设备，实现大型化、工厂化、预制化、装配化，确保作业工效和质量。

3. 工程简介

港珠澳大桥是我国重大基础设施项目，大桥建设将加快珠三角经济融合，振兴区域经济。

大桥由粤、港、澳三地政府共建共管，需同时满足三地要求，三地总投资超过 1000 亿元人民币。

岛隧工程是港珠澳大桥的控制性工程，世界范围内深埋最大、最长的公路沉管隧道；我国第一条外海沉管隧道，也是目前世界上综合难度最大的沉管隧道。

4. 工程建设基本情况介绍

## 二、网络信息化平台在港珠澳大桥工程监理的广泛应用

1. 综合管理信息系统是各参建单位必须使用的管理平台，是工程质量、安全、进度、投资控制等管理的综合平台，各参建单位（业主、设计、监理、施工、检测与监测）需及时输入和发布工程信息。

首页 | 项目概况 | 工程动态 | 设计科研 | HSE管理 | 质量管理 | 项目文化 | 媒体关注 | 气象信息 | 联系我们

当前位置：中交港珠澳大桥项目 - > 首页 > 工程动态

工程动态

工程动态

与回淤赛跑

——港珠澳大桥E25沉管成功安装

2016-4-1 19:39:00

2016年3月31日14:40，港珠澳大桥第25节沉管在海底精准对接，隧道建成总长度达到4365米，这是岛隧工程在今年安装的首节沉管，也是与回淤的赛跑中“抢来”的一场胜利。

去年年底，受整平船“津平1”桩腿大修的影响，E25沉管安装施工在时隔一百多天后才得以启动，成为2016年安装的首节沉管。为了抓住今年第一个沉管安装施工机遇，中交港珠澳大桥岛隧工程项目总经理部制定了周密详细的施工计划，将沉管浮运安装首选窗口定在4月1日，并有条不紊地组织了E25沉管二次舾装、沉放演练、风险排查等准备工作，于3月21日开始进行碎石基床铺设。

2. 远程监控、视频会议 360 度监管工程建设的全过程。

3. 质量录入系统，及时上传、查阅、统计工程资料录入情况。

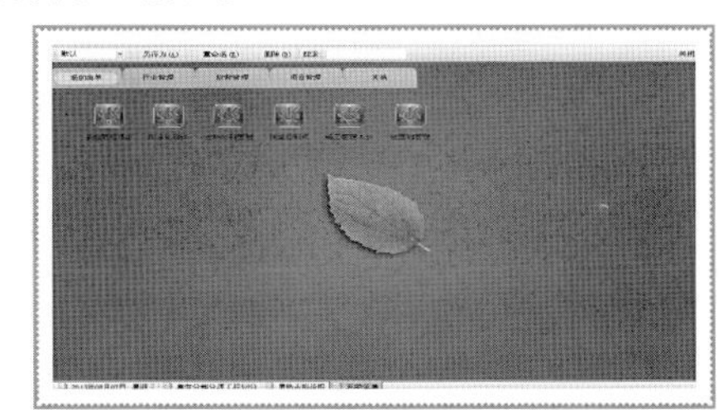

4. 丰富的刊物、画册、视频资料，实时传递工程信息。

## 三、工程监理的信息化监控在保证混凝土结构的施工质量上的应用

监理信息化管理在混凝土温控中的应用：

预制沉管采用工厂法预制，自动化程度高，生产连续不断，对温控监测的时效性和精确性要求高，采用全面覆盖预制各环节、全过程的可视化监测预警系统，对预制沉管实施现场监控。

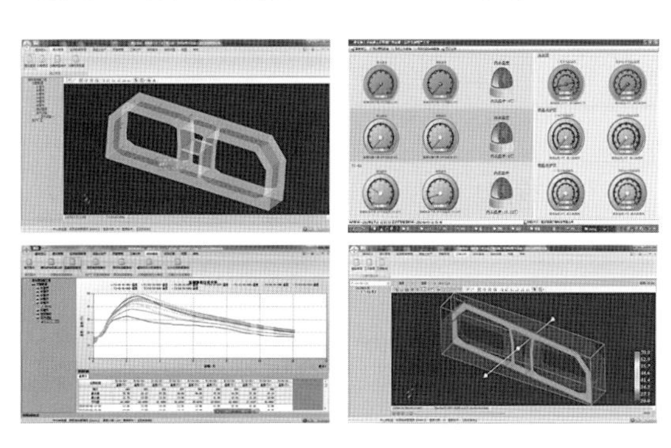

监测点的布置：

对原材料仓库、混凝土搅拌生产、预制厂房环境、预制区沉管实体、自动养护区五大区域传感系统布置如下：

◆原材料仓库监测系统考虑粉料、砂、石、水等仓库内的温度监测，每个粉料仓布设一个测温点，砂石仓沿垂直方向不同高程布设不少于三个点，保证数据的代表性和延续性；

◆混凝土搅拌站监测系统布置，考虑与搅拌站自身监控系统或控制平台数据库进行接驳，采集数据用于分析处理；

◆预制厂房温湿度监测布置要求覆盖浇筑区和养护区；

◆现场监测采用全覆盖的模式，对原材料、混凝土生产和浇筑、浇筑区、养护区温度、湿度情况埋设固定监测点给予 24 小时监控。

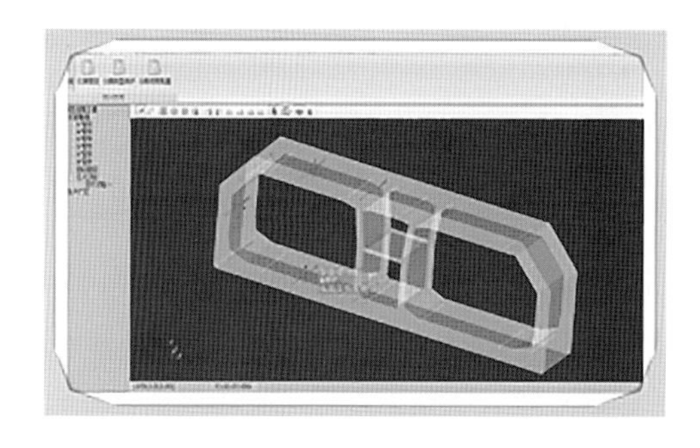

## 四、高度集成化数据监测信息技术在沉管浮运安装监理的应用

1. 在沉管浮运和沉放设备上的监测和监控：

多台卷扬机组和动力设备，为了解决信息的同步，安装船在制造时将所有机组的控制单元集成在控制面板上，通过数字化的信息传递，操作、维护人员通过操控室的屏幕上可以看到各卷扬机的运行状态和受力值，在操作台上设置报警指示灯，减少操控过程中的失误。两艘安装船之间通过无线技术，利用放大功率芯片实现两船的联动动能，实现两船一室操作，解决了空间上的难题。

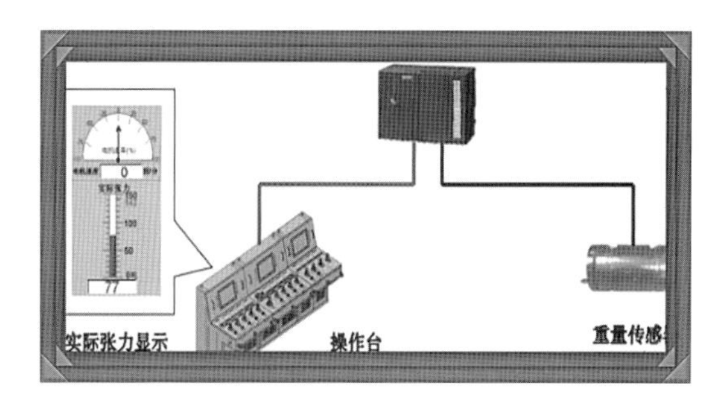


2. 拉合系统监测监控

拉合系统是已安管节和待安管节实现初步对接的必要工具，其作用是通过管顶的两个拉合千斤顶拉合，使待安装管节向已安管节靠近，直至待安管节上的 GINA 止水带鼻尖压缩，形成封闭的结合腔，为水力压接沉管创造条件。

在操控台可即时看到拉合单元的受力、拉合

位移，同时可以在屏幕上输入目标拉力，目标位移。数字化的拉合系统消除了人为操作机械所造成的机械故障，最大程度上保障机械的正常运作。

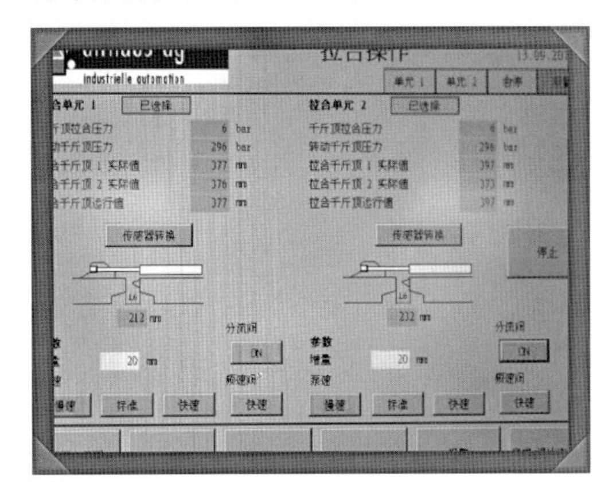


3. 钢封门变形监测监控

钢封门是由枕梁、钢梁、钢板和密封胶等组成的封闭式钢门，安装在沉管的两端，使沉管形成封闭的空间，达到沉管全封闭后进行浮运、安装的作用。

封门在海水中受到水压力的作用会产生变形，为保障封门的安全，对封门的受力状况进行监测是十分有必要的。

当端封门的钢梁发生变形时将会通过传感器的固定端带动测杆，测杆拉动位移计产生位移变形，变形传递给振弦式位移计转变成振弦应力的变化，从而改变振弦的振动频率。电磁线圈激振振弦并测量其振动频率，频率信号经电缆传输至读数装置，即可计算出钢梁的变形量。

位移计的接长线缆从端封门的防水插头连接到安装船上。沉放时数据直接传送到安装船操作室的电脑显示屏上。

操作室配置有专门的监测人员对变形量分析，并在每一个沉放阶段完成后通报端封门所受的最大应力值和最大变形，一旦数据异常或超出理论最大值，监测人员发出警报，由决策组共同研究应对措施。

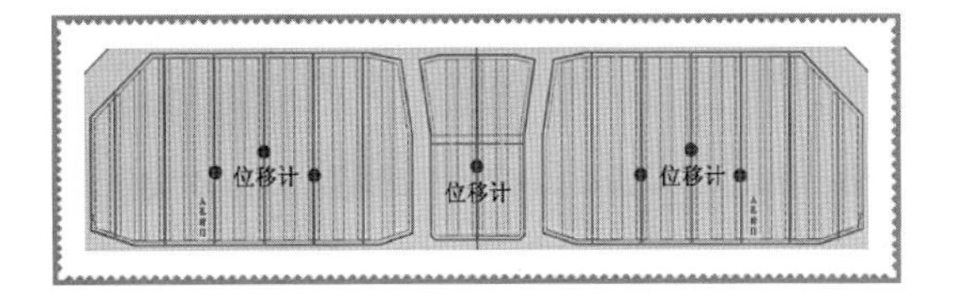


4. 压载水系统监测监控

压载水系统由压载水箱、电子阀门、机械阀门、流量计、水管、供电线路、电箱等组成。其中供电由安装船上发电，水下电缆穿过钢封门插头提供电源，技术人员在操控台上可以打开电子阀门将海水灌入压载水箱。通过控制压载水量，达到调节管节干舷、消除负浮力等作用，使沉管由海面沉入到海底。

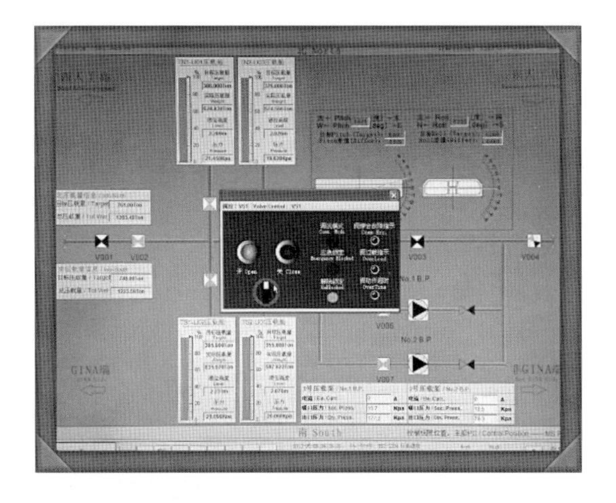

5. 外部环境监测

◆自动气象观测站系统

◆内部环境监测：包括安装船本身的环境和沉管内部环境，其目的是保证监控范围内的作业和管理人员的安全。

◆安装环境监控：利用摄像头对安装船上的甲板等位置摄像监控，将摄像画面传输到指挥室。

◆指挥通信系统建立：浮运导航系统和通信指挥系统。

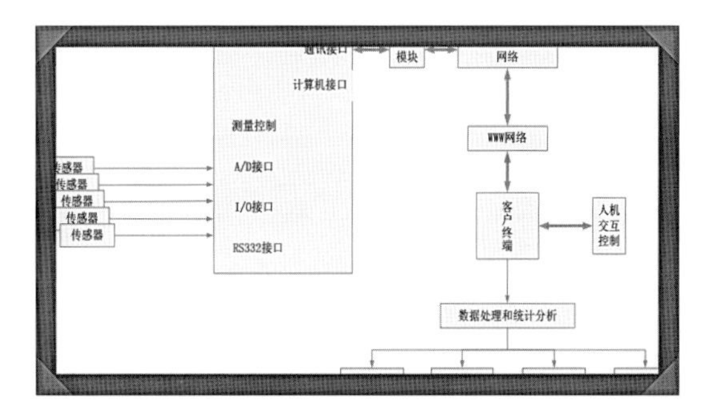


## 五、信息化技术在工程监理测量技术上的应用

1. 管节浮运至现场开始沉放，项目监理部通

过架设在东西人工岛和测量平台上的全站仪同步观测测量塔顶棱镜，同时通过测量塔顶 GPS 实时同步采集坐标数据，管节内倾斜仪也同步采集实时数据，采用专业软件实时处理全站仪、GPS 和倾斜仪数据，解算出管节的空间位置及姿态，现场监理人员及时将数据传输给沉放决策组监理负责人，以确定是否同意管节的沉放对接施工。

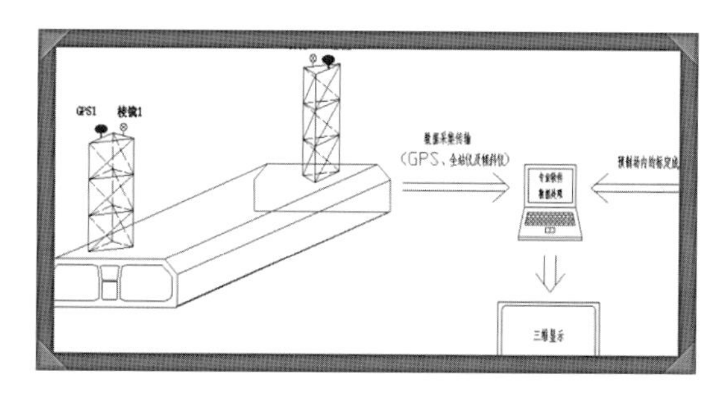


2. 管节姿态监测

管节沉放过程中，在风浪和海流作用下，管节产生相应的运动响应，从而导致管节姿态及运动情况不断变化，当这些参数超过设计要求时，将会对管节的安全和稳定性产生影响。因此管节在沉放过程中需要对管节的姿态及运动情况进行监测，实时监测沉管的沉放姿态。

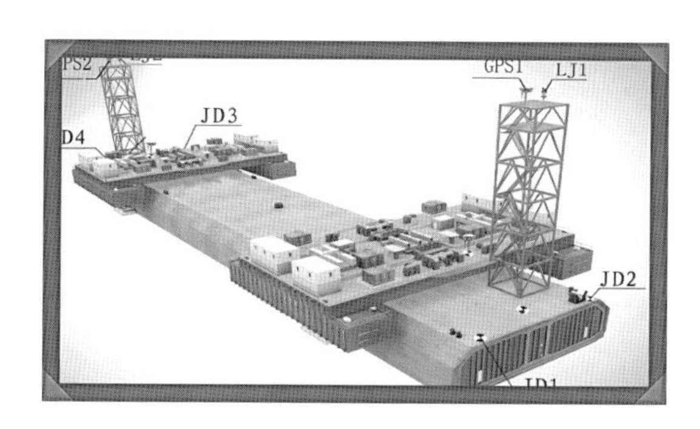


3. 声呐定位信息系统

声呐法又称为深水测控系统，是采用声呐对管节上特征点的测定来控制管节的水下姿态。主要由 2 台 GPS 接收机、2 台声呐、5 台反射器、5 台深度计和一台计算机组成。通过深水测控系统，操控人员便能实时掌握待沉管节在水中横摇、纵摇和摇摆的三维姿态信息。在待沉管节逐渐接近已沉管节时，操控人员需要将待沉管节调整到相应的纵坡姿态来确保沉管安装的精准度。

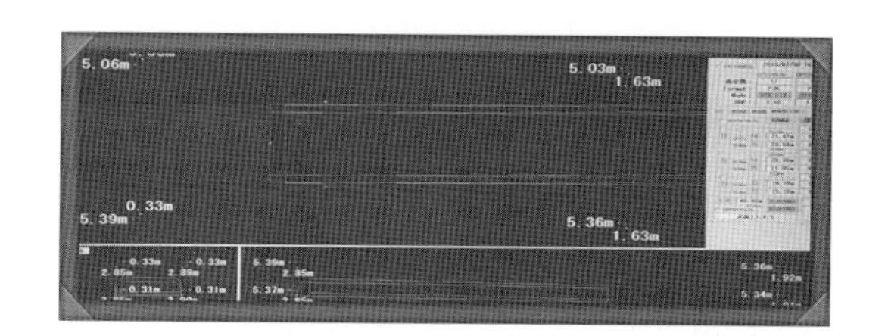


## 六、工程监理运用信息化技术手段进行工程验收

1. 多波束测量设备对海底沉管隧道基础进行检测和验收

多波束探测主要用于开展水下地形测量工作，与传统的单波束测量仪器相比具有测量工效快、成果精度高等特点，尤其是具备面扫测功能，能更加准确地反映水下地形特点。

多波束探测系统主要由多波束测探仪、三维运动传感器、罗经系统、定位系统、声速剖面仪、数据采集系统和数据处理系统组成。系统通过三维运动传感器测定船舶的航行姿态，通过电磁罗经确定每个水深断面的方向，再通过 GPS 定位仪确定船舶航行的位置，从而确定每个波束对应脚印的准确位置，实现扫宽能力。

结合港珠澳大桥岛隧工程现场实际及相关的检测精度指标要求，多波束探测系统主要用于对基槽粗精挖的验收检测、块石夯平层的检测、碎石垫层平整度、宽度等相对精度的检测、管节沉放到位后的检测及后续锁定回填层的检测、结合其他设备进行回淤监测等工作。

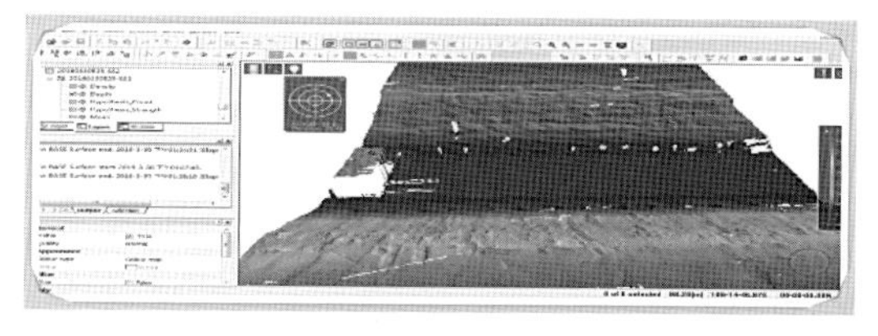

2. 海底隧道监测技术

因本工程沉管隧道为外海大长管节隧道，工程区域地形复杂，潮汐不规律等，而这些不利因素均将会给沉管隧道的施工带来影响，为此，需要采取相应的监测措施，以保证沉管隧道施工的安全及稳定，为下一道工序施工提供决策依据。

沉管隧道的监测方法，主要是沉降和水平位移监测。隧道沉降监测采用高精度电子水准仪测量，按照国家二等水准测量的要求，采用闭合水准路线进行观测；隧道位移监测采用0.5"级的高精度全站仪进行。

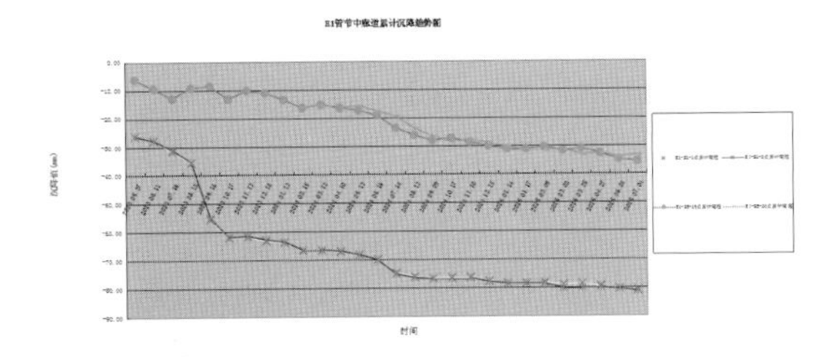

3. 监测成果报告

采用自动采集和人工采集的方式获得施工现场的实时信息。把自动采集的数据和通过人工输入方式把获得的监测资料输入计算机系统，通过专业软件对采集到的监测数据进行整理。各个单位可以通过互联网实时对监测数据进行查询、浏览、打印。

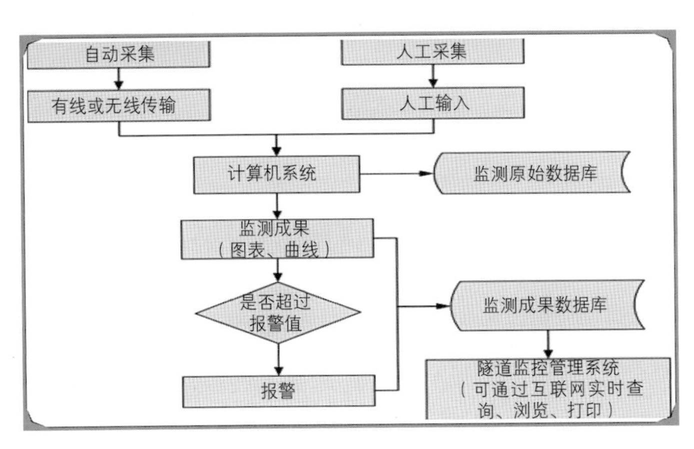


## 七、结语

1. 工程监理信息化技术在港珠澳大桥岛隧工程施工监理的良好运用，有如下几个特点：

面对环境复杂多变的珠江入海口特殊海洋环境，探索自然规律，利用先进的工程监理信息化技术选择最佳的工程施工时机。从国家超级计算机中心与国家海洋局获取15天、7天的天气预报到施工现场小范围内施工环境的监测和精准预报；尤其是施工区域小范围海洋环境和气象预报来辅助工程建设是首创，是技术与理念的突破和飞跃。

创新：邀请了国内外专业团队结合本工程实际情况，从设备选型到软件开发都秉持创新精神。

高度集成化的信息系统，特别是在沉管浮运与沉放施工监理的应用，各种信息的收集、分类和集成，信息终端界面一目了然。

2. 由于本工程的施工难度巨大，尤其是本工程监理的信息化在工程建设领域没有其他经验参考和借鉴，只能摸着石头过河，所以在工程监理信息管理工作也存在如下不足：

高度集成化的信息收集模块，由多种电路元件组成，有些是成型设备，有些是组装设备，涉及很多专业；没有专业维护，出现故障时，容易影响工期。

部分信息收集的单一性。在工程范围特殊海洋气象环境下大气电离层活跃时，GPS失锁时，信息系统无法判断管节对接的最佳时机。有专家提出同时使用“北斗卫星”，但因后期开发难度较大，未能实现。

# 浅谈BIM技术在监理企业中的应用

安徽省建科建设监理有限公司

BIM技术作为当前建筑业的一场革命，对工程建设的各个参与方都将带来巨大的影响，同时也带来了新的机遇和挑战。BIM技术在监理工作中的应用，虽然还处在初级阶段，但对促进监理行业的发展，提高监理信息化、精细化的管理和控制水平，提供了一个有力的工具和平台。BIM是利用数字模型对工程进行设计、施工和运营的过程。它以多种数字技术为依托，可以实现建设工程全寿命周期集成管理。将项目的所有建筑数据信息输入BIM软件，形成各种3D、4D仿真模型，在项目从建设到拆除的全生命周期中，不同利益相关方在各自权限范围内通过在BIM软件中插入、提取、更新和修改信息的方式，来支持和反映其各自职责的协同作业，进行数字化的设计、建造和管理，显著提高建筑工程效率，大量减少建设风险，实现大数据时代的科学管理。

工程监理单位作为工程建设的一个重要参与主体，属于咨询性服务行业，知识集成化程度高，它需要运用科学、先进的管理方法和丰富的经验，为工程项目提供智力、技术服务。BIM技术是建筑业的一种新技术，监理企业对此需要引起足够的重视，掌握这项新的技术并用来指导自己的工作，进而更好地为建设单位创造价值，提高工程建设效率和质量。

## 一、BIM的概念及特点

1. BIM的概念

BIM是英文Building Information Modeling的缩写，译成中文就是“建筑信息模型”。BIM实际是一个建设项目物理和功能特性的数字表达，是一个可以共享目标项目数字信息的资源平台，可以为各参建方协同共享信息数据，可以为该项目从设计到拆除的全寿命周期中的所有决策提供可靠依据。

2. BIM的特点

BIM具有可视化、协调性、模拟性、优化性、可出图性等五个特点，BIM的这些特点，使得以BIM应用为载体的项目管理信息可以达到“三维渲染，宣传展示”、“快速算量，精度提升”、“精确计划，减少浪费”、“多算对比，有效管控”、“虚拟施工，有效协同”、“冲突调用，决策支持”等目的，从而提升项目建设生产效率、提高工程质量、缩短工期、降低建造成本。

## 二、BIM在监理行业中的应用价值

在全面提升监理管理水平，提高监理控制的工作效率方面，BIM都具有无可比拟的优势。安徽省建科建设监理有限公司目前在监理的安徽省建筑科学研究设计院建筑检测大厦项目就是运用BIM技术进行设计、施工全过程管理，业主甚至要求后期运维阶段也必须使用BIM技术。以下，结合该项目总结关于BIM技术应用学习和使用的相关做法经验。

首先，公司成立了BIM应用研究小组（图1），这个小组共10人，人员的学历均在本科以上，建筑、结构、水、电、暖等专业齐全，且年龄结构介于25~45岁之间。在公司领导的大力支持下，给我们每一位学员配置了相应的BIM软硬件，然后，

BIM培训（图1）

渲染效果图（图2）

聘请了专业的老师进行培训，学习了 BIM 技术的主要软件 REVIT，以及相关的配套软件。

安徽省建筑科学研究设计院建筑检测大厦项目（图 2）设计单位完成并交付给施工、监理的 BIM 模型精度为 LOD300。什么是模型精度？就是描述一个 BIM 模型构件单元从最低级的近似概念化的程度发展到最高级的演示级精度的步骤，美国建筑师协会定义了 LOD 的概念：LOD100 是概念化，LOD200 是近似构件（方案及初步），LOD300 是精确构件（施工图及深化施工图），LOD400 是加工，LOD500 是竣工。建筑检测大厦工程 BIM 模型就是按照 LOD300 设计的，此模型已经能很好地用于成本估算以及施工协调等。（LOD400 模型更多地被专门的承包商和制造商用于加工和制造项目的构件包括水暖电系统；LOD500 模型表现为项目竣工的情形，包含业主 BIM 提交说明里制定的完整的构件参数和属性，将作为中心数据库整合到建筑运营和维护系统中）

通过参与分析 BIM 模型，以及对比施工现场实际管理，我们总结了一些关于 BIM 技术的应用点：

1. 可视化展示

可视化即“所见即所得”。对建筑业而言，可视化的作用非常大，在传统的建设项目施工过程中，施工图纸只是将各个构件信息用线条来表达，其真正的构造形式需要工程建设参与人员去自行想象。而 BIM 技术可以将以往的线条式构件形成一种三维的立体实物图形展示在人们面前，例如图 3，在该楼层风管及喷淋管施工前，监理单位要求施工单位按照 BIM 模型进行可视化技术交底，使得作业班组及操作人员更容易直观地了解施工质量关键控制点，做到了一次施工即验收合格。应用 BIM 技术，不仅可以用来展示效果，还可以生成所需要的各种报表。更重要的是使各项目管理参与方在设计、建造、运营过程中的沟通、讨论、决策都能在可视化状态下进行。

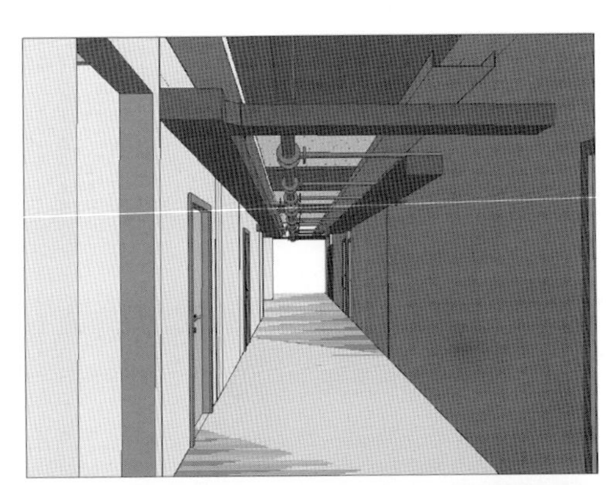

可视化交底（图3）

2. 工程量计算

关于严格工程计量，做好工程款项支付工作和工程结算、决算方面的控制。监理可利用 BIM 模型对各类主要构件进行统一编码并赋予工序、时间、空间等信息，在数据库的支持下，以最少的时间实现 4D、5D 任意条件的统计、拆分和分析，根据工程算量和计价相关标准、规范和模型中各构件的工程量和清单信息（图 4），利用相关造价软件，自动计算各构件所需的人、材、机等资源及成本，并且汇总计算。通过 BIM 技术应用，监理能够及时做好工程计量工作审核，有效防止工程进度款超付的现象和提高结算、决算准确度，合理计取费用标准，正确反映工程造价。当然，我们掌握了这项 BIM 应用，就可以更好地为业主提供投资控制服务，还可以用于为业主快速地完成招投标等工作。

<墙明细表>

| A | B | C | D | E | F |
|---|---|---|---|---|---|
| 类型 | 厚度 | 长度 | 面积 | 体积 | 结构用途 |
| 外墙蓝灰色200 | 220 | 42890 | 95.94 | 21.11 | 非承重 |
| 墙200 | 220 | 5870 | 20.25 | 4.46 | 非承重 |
| 墙200 | 220 | 11600 | 35.54 | 7.82 | 非承重 |
| 墙200 | 220 | 8900 | 31.25 | 6.87 | 非承重 |
| 墙200 | 220 | 8900 | 28.85 | 6.35 | 非承重 |
| 墙200 | 220 | 5650 | 19.76 | 4.35 | 非承重 |
| 墙200 | 220 | 5650 | 19.76 | 4.35 | 非承重 |
| 墙200 | 220 | 5650 | 19.76 | 4.35 | 非承重 |
| 墙200 | 220 | 8900 | 29.64 | 6.52 | 非承重 |
| 墙200 | 220 | 1400 | 4.64 | 1.02 | 非承重 |
| 墙200 | 220 | 8950 | 31.64 | 6.92 | 非承重 |
| 墙200 | 220 | 6100 | 15.81 | 3.48 | 非承重 |
| 墙200 | 220 | 2600 | 4.11 | 0.90 | 非承重 |
| 外墙200 | 220 | 2900 | 11.23 | 2.47 | 非承重 |
| 外墙200 | 220 | 3340 | 11.23 | 2.47 | 非承重 |
| 外墙200 | 220 | 5600 | 19.76 | 4.35 | 非承重 |
| 外墙蓝灰色200 | 220 | 36620 | 75.68 | 16.65 | 非承重 |
| 墙200 | 220 | 3025 | 8.76 | 1.93 | 非承重 |
| 墙200 | 220 | 3025 | 9.29 | 2.04 | 非承重 |
| 墙200 | 220 | 600 | 1.37 | 0.30 | 非承重 |
| 墙200 | 220 | 8650 | 30.56 | 6.72 | 非承重 |
| 墙200 | 220 | 8650 | 30.56 | 6.72 | 非承重 |
| 墙200 | 220 | 4590 | 15.20 | 3.34 | 非承重 |
| 墙200 | 220 | 2190 | 5.92 | 1.30 | 非承重 |
| 墙200 | 220 | 2410 | 8.28 | 1.82 | 非承重 |
| 剪力墙400 | 410 | 2030 | 7.06 | 2.89 | 非承重 |
| 剪力墙400 | 410 | 3100 | 10.42 | 4.27 | 非承重 |
| 剪力墙400 | 410 | 2090 | 7.52 | 3.08 | 非承重 |
| 剪力墙400 2 | 410 | 2000 | 7.20 | 2.95 | 非承重 |
| 剪力墙400 | 410 | 1800 | 5.74 | 2.35 | 非承重 |
| 剪力墙400 | 410 | 1900 | 6.44 | 2.64 | 非承重 |
| 剪力墙250 | 270 | 8715 | 32.08 | 8.66 | 非承重 |
| 剪力墙250 | 270 | 2700 | 8.75 | 2.36 | 非承重 |
| 剪力墙250 | 270 | 8715 | 32.08 | 8.66 | 非承重 |
| 剪力墙250 | 270 | 2700 | 8.75 | 2.36 | 非承重 |
| 剪力墙250 | 270 | 2700 | 8.75 | 2.36 | 非承重 |

墙体工程量明细（图4）

3. 碰撞检查

通过对 BIM 技术研究应用可以进行三维空间的模拟碰撞检查，这不仅能够在设计阶段消除碰撞，而且能优化净空及各构件之间的矛盾和管线排布方案，降低由各构件及设备管线碰撞等引起的拆装、返工和浪费现象出现的概率，避免了采用传统二维设计图进行会审中未发现的人为的失误和低效率的问题。例如图 5，在施工过程中，由于走道净空要求的变化，需要进一步优化，现场监理人员组织施工单位相关技术人员认真地对优化方案进行反复研究，经过多次碰撞检查再调整，最终找到了一个比较合理的施工布置方案。

在施工阶段，往往会频繁地遇到一些工程变更，如果监理工程师能够运用 BIM 技术，就可以根据施工单位或建设单位提出变更申请的内容，在已完成的 BIM 模型中简单地进行修改，再进行碰撞检查或模型演练，那么就能够迅速地做出明确的抉择，进一步提高施工效率，保证施工质量。

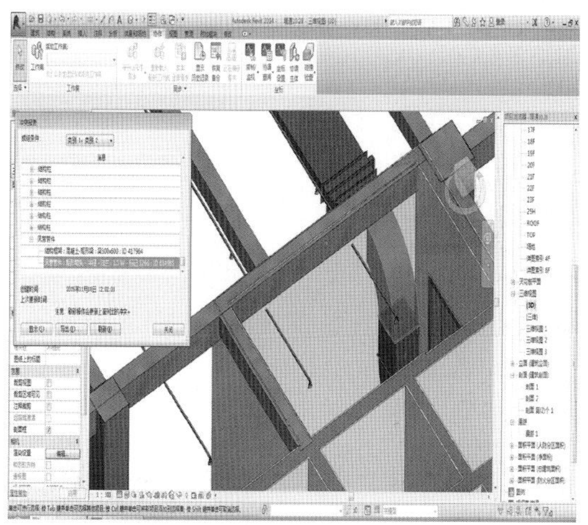

冲突报告

冲突报告项目文件：E:\BIM资料\9.rvt
创建时间：2016年1月27日 14:12:07
上次更新时间：

| | A | B |
|---|---|---|
| 1 | 风管 : 矩形风管 : 半径弯头/接头 - 标记 76 : ID 571357 | 墙 : 基本墙 : 墙200 : ID 402671 |
| 2 | 风管 : 矩形风管 : 半径弯头/接头 - 标记 77 : ID 571426 | 墙 : 基本墙 : 墙200 : ID 402671 |
| 3 | 风管 : 矩形风管 : 半径弯头/接头 - 标记 78 : ID 571439 | 墙 : 基本墙 : 墙200 : ID 402671 |
| 4 | 风管 : 矩形风管 : 半径弯头/接头 - 标记 82 : ID 572331 | 墙 : 基本墙 : 墙200 : ID 402671 |
| 5 | 风管 : 矩形风管 : 半径弯头/接头 - 标记 84 : ID 572376 | 墙 : 基本墙 : 墙200 : ID 402671 |
| 6 | 风管 : 矩形风管 : 半径弯头/接头 - 标记 85 : ID 572386 | 墙 : 基本墙 : 墙200 : ID 402671 |
| 7 | 风管 : 矩形风管 : 半径弯头/接头 - 标记 86 : ID 572395 | 墙 : 基本墙 : 墙200 : ID 402671 |
| 8 | 管道 : 管道类型 : 标准 - 标记 284 : ID 643477 | 墙 : 基本墙 : 墙200 : ID 402671 |
| 9 | 管道 : 管道类型 : 标准 - 标记 286 : ID 643520 | 墙 : 基本墙 : 墙200 : ID 402671 |
| 10 | 管道 : 管道类型 : 标准 - 标记 288 : ID 643549 | 墙 : 基本墙 : 墙200 : ID 402671 |
| 11 | 管道 : 管道类型 : 标准 - 标记 290 : ID 643578 | 墙 : 基本墙 : 墙200 : ID 402671 |
| 12 | 管道 : 管道类型 : 标准 - 标记 295 : ID 643670 | 墙 : 基本墙 : 墙200 : ID 402671 |
| 13 | 管道 : 管道类型 : 标准 - 标记 302 : ID 644193 | 墙 : 基本墙 : 墙200 : ID 402671 |
| 14 | 管道 : 管道类型 : 标准 - 标记 319 : ID 644751 | 墙 : 基本墙 : 墙200 : ID 402671 |
| 15 | 管道 : 管道类型 : 标准 - 标记 328 : ID 644952 | 墙 : 基本墙 : 墙200 : ID 402671 |
| 16 | 风管 : 矩形风管 : 半径弯头/接头 - 标记 82 : ID 572331 | 墙 : 基本墙 : 墙200 : ID 403064 |
| 17 | 管道 : 管道类型 : 标准 - 标记 302 : ID 644193 | 墙 : 基本墙 : 墙200 : ID 403064 |
| 18 | 管道 : 管道类型 : 标准 - 标记 108 : ID 570643 | 墙 : 基本墙 : 墙200 : ID 403185 |
| 19 | 风管 : 矩形风管 : 半径弯头/接头 - 标记 83 : ID 572367 | 墙 : 基本墙 : 墙200 : ID 403185 |
| 20 | 风管 : 矩形风管 : 半径弯头/接头 - 标记 77 : ID 571426 | 墙 : 基本墙 : 玻璃隔断200 : ID 404125 |

碰撞冲突报告（图5）

4. 进度控制

在 BIM 三维模型的基础上，再给 BIM 模型构成要素设定时间的维度，即可以实现 BIM 四维（4D）模型。通过建立 4D 施工信息模型，将建筑物及其施工现场 3D 模型与施工进度计划相连接并与施工资源和场地布置信息集成一体，实现以天、周、月为时间单位，按不同的时间间隔对施工进度进行工序 4D 模拟，形象反映施工计划和实际进度。如可以按照工程项目的施工计划模拟现实施工过程，在虚拟的环境下检查施工过程中可能存在的问题和风险，同时可以针对问题，对模型和计划进行调整、修改，反复地检查和调整，可使施工计划过程不断优化。通过该技术应用在一定程度上能够更好地完成项目进度控制。

5. 信息、协同管理

由于建设工程项目施工过程中参与单位众多，涉及建设单位、施工单位、监理单位、设计单位、分包商、材料供应商等，会产生海量信息，再加上信息传递流程长，传递时间长，因此难以避免地会造成部分信息丢失，导致造成工程造价的提高。监理可通过 BIM 技术，将施工过程中的相关信息进行高度集成，保证所有的信息能够与施工现场的实际情况高度一致，从而使参建各方能快速准确地获取相应完整的数据。

例如图 6，BIM 模型就是中间这个协同管理平台，业主、设计、建造、监理、采购等单位的信息都来自于同一个 BIM，那么它就形成项目信息的枢纽，各个参与方通过被授权的形式，随时随地获取最新、最准确的数据信息。这样就改变传统点对点的沟通方式，实现一对多的项目数据中心，减少了沟通误解，提升了协同效率，从而使建设各方及时进行管理，达到协同设计、协同管理、协同交流的目的，加强工程团队与建筑团队之间的合作，大大地减少了整个建设过程中监理的协调量，降低了协调难度。这是监理单位最应当好好利用，并深深挖掘的一个应用点之一，监理的工作内容就是“三控三管一协调”，而往往实际过程中最难的可能就是这“一协调”工作，现在应用了 BIM 技术之后，可以通过同一项目、同一环境、同一标准来做好项目各参与方的沟通协调工作，制定出一套完整详细的工作流程，让业主看到监理协调管理工作的成果和重要性，这样不仅能提升监理企业在市场中的竞争力，更重要的是可以改善监理在建筑行业中的劣势地位。

是一个协同工作环境——在管控的基础上共享工程内容

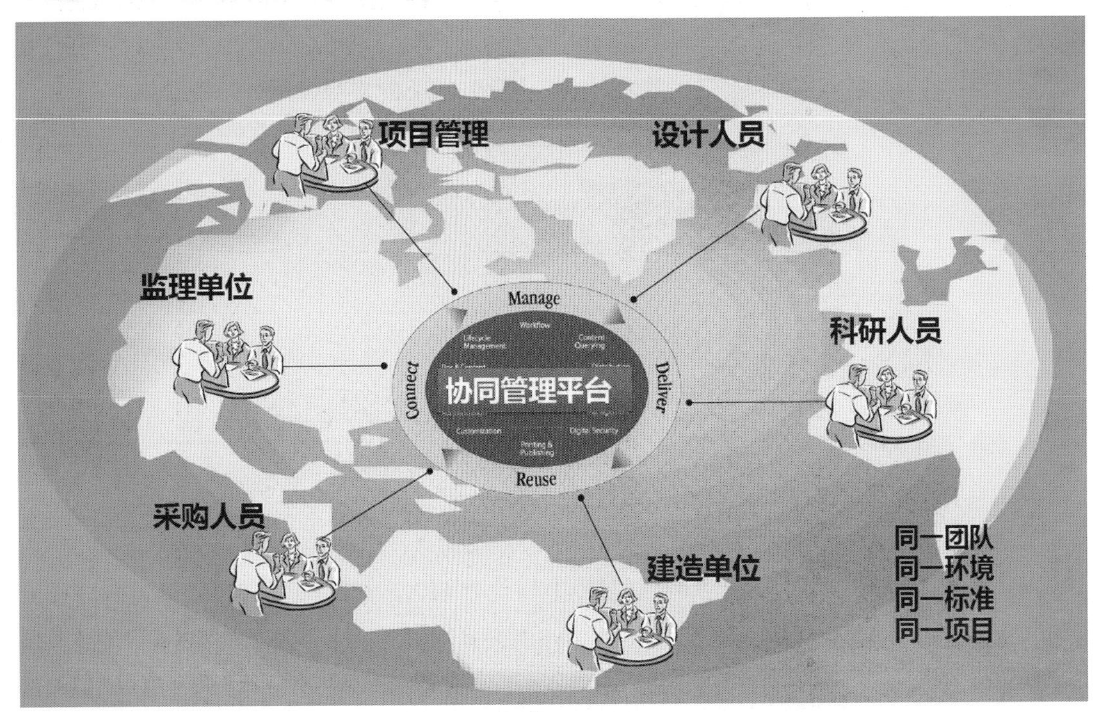


协同管理（图6）

## 三、BIM在监理工作中的影响

1. 监理工作工具的影响

BIM技术“三维渲染，宣传展示”的特点，使得监理在工作过程需要有模型显示的工具，如：智能手机、Ipad等一些便携式设备用来对BIM模型进行显示。

2. 监理工作方法的影响

工程监理的工作方法有旁站、巡视、平行检验、见证取样、会议协调等。监理人员在进行旁站、巡视、平行检验等工作后，需要将完整的记录文件或附有相关图片等资料及时整理上传至BIM模型中进行信息发布，虽然与传统的监理工作方法相比，可能表面上是增加了一定的工作内容，但是这种及时有效协同的工作方式极大地提高监理工作的效率，不仅监理人员，建设单位、设计单位、甚至施工单位都可以在各自权限范围内将工程信息反馈到BIM模型中，从而加强项目各参建方的沟通、协调能力，更好地完成工程项目建设任务。

3. 监理工作内容的影响

BIM技术对监理各项工作内容产生较大影响，例如：在审查施工方案过程中，需要提取施工单位经深化设计后的施工模型，关键节点的施工方案模拟，同时对施工方案的合理性和可施工性进行评审，最后增加监理质量控制的关键节点信息；在检验批、隐蔽工程和分项验收工作中，提取检验批、隐蔽工程和分项工程信息，并加入验收结论实测信息等；在工程变更的处理中，提取原设计模型、施工模型信息，加入变更内容，或督促相关单位加入变更内容，利用模型计算工程量的增减及对费用和工期的影响；在竣工验收过程中，提取竣工模型，对竣工模型真实性进行审查和模型移交并加入竣工验收结论等。总之，BIM技术的应用，给监理的工作内容带来一系列的影响，有的工作得到简化，有的工作可能会增加，但无论怎样，最终的监理成果质量肯定会大大提升。

## 四、结语

目前监理企业的工作重心都是在施工阶段监理，但是今后随着监理行业的发展，服务面必定会拓展，向前延伸到项目的前期咨询服务，向后延伸到项目的后期运营维护服务等。不论如何发展，我们都离不开BIM技术，因为BIM在建筑全生命周期中的应用价值是不可估量的，相信只要我们努力地去学习，去探索研究，最终将会熟练地运用它，使之创造出更大的经济效益和社会价值。

# 监理企业信息化建设初探

扬州市金泰建设监理有限公司　缪士勇

**摘　要：** 采用先进、科学的信息化手段，加快监理企业信息化建设，使企业具有适应各种市场环境的能力，从而在本质上加强监理企业的竞争优势，提升监理企业核心竞争力。

**关键词：** 监理企业　信息化　建设

随着建设工程项目的日益复杂化、大型化趋势，市场竞争日趋激烈、投资规模日益扩大以及技术创新不断加快，项目信息的交流与传递日趋频繁，仅依靠传统的信息管理模式及手段已不能满足监理企业进行项目管理的需要，在这种情况下，加快推进监理企业信息化，已经成为增强自身竞争力的必然选择。信息化建设是监理企业适应市场需求，提升其核心竞争力的必然趋势，能够提高监理企业整体的运营效率。

## 一、监理企业信息化内涵

信息化（Informationalization）的概念最早由Tadao Umesao于1960年在《论信息产业》一文中提出，是指“通信现代化、计算机化和行为合理化的总称”。《2006~2020国家信息化发展战略》定义信息化为：充分利用信息技术，开发利用信息资源，促进信息交流和知识共享，提高经济增长质量，推动经济社会发展转型的历史进程。

监理企业信息化，是指从事工程建设监理的企业充分开发和利用各种信息资源，广泛采用计算机、通信、网络等现代化信息技术，将企业的经营、研发、作业、管理等各个环节在信息平台上进行有机整合，不断提高监理企业经营、管理、决策的效率，降低监理风险，从而有效提高监理企业经济效益和企业竞争力水平的过程。

## 二、监理企业信息化的目的

监理企业信息化其实质是监理企业管理的信息化，是企业将融合世界先进管理思想的信息技术进一步应用于管理，提高监理企业管理的效率和效益。

（1）提高效率。监理企业信息化可以大大减少人力，加快信息处理的速度，提高信息的正确性和可靠性。

（2）提高效益。监理企业信息化可以通过辅助管理和辅助决策，正确及时地把握市场信息，从而获得更多的商机。

（3）提高管理水平和监理企业的核心竞争力。成熟的信息系统都是某种先进管理理念的体现，通过信息化可以实践这些理念，规范制度，提升管理水平和核心竞争力。监理企业信息化可以大大提高监理企业对市场的快速反应能力，提高监理企业决策的正确性和预见性，从而大大提高监理企业的竞争实力。

（4）积累知识、复制经验。将项目工程监理过程中的全部信息以系统化、结构化的方式存储起来，形成监理项目知识，通过利用积累的以往项目监理知识，可以为新项目的监理实施提供经验借鉴和类似“专家”决策支持，也可为监理员工岗前培训，乃至为同行业其他监理企业提供智力支持。因此，实行信息化管理，通过项目监理案例库、监理知识库实现所有监理项目过程文档和监理经验总结的积累，可以有效地利用有限的资源，获取最大的社会经济效益。

## 三、监理企业信息化的现状

我国从20世纪80年代才开始引入信息化这一概念，经过信息化战略思想的准备阶段、酝酿阶段，目前我国的信息化建设正处于完善阶段。

整体来说，我国的监理企业信息化程度不高、信息机构不健全、信息化投入不足、总体水平还比较低，与国际先进水平相比还有较大差距，不少监理企业管理者对信息化建设重视不够，信息化建设的资金、人力投入严重不足，存在地区不平衡，阻碍了监理企业信息化的快速发展。

## 四、监理企业信息化建设存在的问题

现阶段监理企业信息化建设主要存在的问题主要有以下几个方面：

1. 认识问题

有些条件较好的监理企业满足于眼前的状况，对企业的信息化重视程度不够。不少人没有认识到信息系统能把企业管理得井井有条，可以为企业领导提出很有价值的辅助决策信息，而且在速度和准确性方面比人做得更好。一部分管理人员在管理实践中有丰富的经验，他们不愿意主动分析吸收新的管理方法和先进的管理手段，信息化对他们的地位构成巨大的威胁，由于传统习惯和惯性思维，继续沿用过时的管理思想或过时的管理手段。

2. 软件问题

从我国现有条件来看，监理企业信息化的硬件条件如计算机配置、网络设备、通信工具等，与发达国家差距并不大，关键在于软件开发上的差距，如监理信息化软件系统、监理企业的信息化管理制度等。

3. 人才问题

监理企业信息化建设缺乏相关的综合性人才。目前大多数信息系统软件由软件公司承担，而这些软件公司没有很强的工程管理背景及监理经验，对监理的流程、要素、过程都不熟悉，只是经过几次会议或者调研就开始按照监理企业的要求去做了，导致开发出来的信息系统没有整体性、全局考虑不周，软件缺乏较强的可操作性、通用性。既懂监理业务又懂软件开发的综合性人才缺乏。

4. 标准问题

目前，监理企业信息化建设缺乏统一的标准规范。目前，我国工程管理信息化才刚刚起步，监理企业的信息化建设进程严重滞后于信息化的实际进度。由于缺乏数据标准，已有的信息不能得到充分的应用。

5. 管理问题

监理企业在企业管理中存在的一些问题，也是阻碍信息化建设的重要原因之一。如：监理合同管理粗糙，信息流通不畅；监理档案资料管理混乱，缺乏统一标准；未建立监理企业客户管理系统；监理企业对项目监理部的情况信息不通畅、不迅捷；监理企业与员工之间、员工与员工之间缺乏沟通渠道，等等。

监理企业信息化建设面临的问题还很多，监理企业目前的当务之急是理清监理企业信息化建设的思路、针对信息化建设存在的主要问题，找到监理企业信息化建设的对策。

## 五、监理企业信息化建设的思路

国内外经验表明，监理企业开展信息化建设需要具备以下几个条件：（1）监理企业有信息化的内在需求；（2）有一个总体的监理信息化规划；（3）有基本的计算机技术、网络技术、数据库技术和管理基础；（4）有监理企业自己的专业技术人才和管理人才；（5）有一个监理企业信息化建设的主观统帅；（6）有专门的部门来进行信息化建设；（7）选择一个合适的合作伙伴；（8）监理企业信息化建设要与技术进步、管理创新和观念更新相结合。

## 六、监理企业信息化建设的对策

1. 领导应高度重视，果断决策

要实施监理企业信息化，首先要解决的是企业领导层对信息化建设的认识问题。监理企业领导者应充分认识到：企业信息化建设是对监理管理模式、组织结构、思维方式、业务流程进行的一场“自上而下”的创新和变革。经验和实践表明：领导的主持、参与和正确决策是信息化建设取得成功的首要条件，是企业信息化起步与成功的关键，对本企业信息化是否能成功实施起着决定性的作用。

2. 建立严格的信息化管理制度

监理企业信息化是为了改进管理，

提高管理效率，而在管理制度不健全、管理机构不稳定、管理还不规范的情况下，追求信息化是很难成功的。监理企业信息管理制度是企业信息化管理系统得以正常运行的基础，建立制度的目的就是为了规范信息管理工作，规范和统一信息编码体系，规范收集、录入、审核、加工、传输和发布信息的工作流程，让全体员工在工作过程中有据可依。

3. 建立一支高素质的信息技术队伍

人才是企业信息化的关键，监理企业信息化需要一支既懂技术、又懂管理，知识结构合理、技术过硬的“复合型”信息技术人才队伍，这就要求企业通过加强人才培训，技术交流与合作等方式来造就一大批精通专业知识，具有强烈的创新精神和实践能力的高层次专门人才，来推动企业内部信息化建设。

4. 专职专人负责

监理企业应安排高层领导中一名既懂信息技术又懂管理的领导来专门负责企业的信息化建设，国外称为企业信息主管，即CIO（Chief Information Officer）。CIO直接对企业最高领导负责，下设企业信息化委员会，成员由监理企业部门的主要领导兼任。

5. 加强信息化网络基础环境设施建设

计算机网络基础设施是推进企业信息化建设的前提。网络基础设施建设主要包括各种信息传输网络建设、信息传输设备研制、信息技术开发等设施建设。

在基础环境建设方面，监理企业应建立计算机中心机房，购置服务器计算机、建立企业内部网络，并建立网络安全保障系统、防病毒体统、数据安全备份等。所有的应用系统均应有运行管理制度，并能保证其正常有效运行。

6. 开发适合监理企业信息化建设的软件系统

软件系统应针对监理项目管理的不同用户需求特点进行设计，应当以监理相关法规和政策文件为指导，以监理规范和监理合同为依据，监理项目管理为核心，监理文档管理为载体，监理项目质量、履行建设工程安全生产管理法定职责为重点，监理知识管理为支撑，并将监理风险管理贯穿整个监理业务过程。

监理项目管理面对的对象用户包括：公司领导、生产管理部、项目监理部。不同层次的用户对项目管理的需求和关注内容是不同的，因此软件系统的功能设计必须针对这些用户的需求分别考虑。

监理企业信息化建设的软件系统，应具备以下特点：

（1）技术先进，能够跨区域项目管理

能够用先进的.net开放技术和SQL数据库技术，为监理企业量身打造一个基于互联网应用的系统平台。各监理分支机构能通过互联网将建设现场的数据实时录入到公司的服务器系统中，完全满足监理企业跨区域工作的要求。

（2）具备综合性的多项目管理

软件系统可同时管理多个、多级项目监理工程，项目的类别应包括：工程监理、招标代理、项目代建、项目咨询和造价咨询。项目工程监理应覆盖从工程建设前期、实施、竣工验收到缺陷责任期的全过程管理。应全面实现多项目管理需求，并提供多角度的项目视图，为项目监理各个层面的人员提供管理手段。

（3）集成管理，能够协作行进

能够以信息中心为联络中心，以项目管理为工程管理中心，以经营管理为监督中心、以资料管理为资料中心、以系统管理为保障中心全面实现监理企业各方协同工作、全部动态、智能跟踪。必要时，系统还可放开业主、行业管理部门、承包商等各方使用，树立监理企业新形象。

（4）功能应强大，资料应丰富

应提供规范的监理工作流程、目标控制流程、完整的监理规划、质量验评标准和相关法律条文，使监理工作更加专业、规范。灵活的树形目录管理，支持用户监理业务流程重组和变更。报表搜索功能允许用户自定义快速生成监理资料和各类统计报表。

（5）可以企业进级进行管理定制

软件系统以项目监理为核心模块，能根据监理企业的要求进行定制服务，完全满足用户的实际需求。

（6）选择高水平的软件商作为信息化的技术合作伙伴

很多监理企业为了节省开支，会让公司的监理人员兼职负责信息化系统的管理工作。然而，由于信息化管理系统往往是基于互联网的，所以系统管理员需要有一定的计算机专业知识，对系统集成、软硬件设备维护做到熟悉了解。系统一旦出现问题，兼职的管理人员往往很难及时解决，此时造成的信息管理障碍可能会导致不必要的损失。

建议企业在信息化建设上选择信誉好、具有持续发展能力的软件商作为信息化技术合作伙伴，扩大业务外包，走专业化经营的道路，提高信息化建设水平。

目前，我们公司使用的是在江苏省住建厅和江苏省建设监理协会组织下，由江苏建科建设监理有限公司、南京广安科技有限公司共同开发的SuperPR02(Super Professional Project)企业级工程监理项目信息门户，它是以多项目运行的房建及市政监理企业为服务对象，以日新月异的互联网技术为平台，以项目信息为切入点，结合建设监理行业面临的问题及特点，适用于监理企业对监理项目实行行之有效管理的项目管理软件。该软件的使用规范了项目监理部的工作，促进了项目监理工作的科学化、规范化、程序化，有效地规避了企业风险，将监理项目管理实践过程中形成的海量数据和宝贵经验有序保存，并运用知识管理理念加工提炼，构建企业数据库并有效利用，形成监理企业无可替代的核心竞争力。

公司目前使用的企业级工程监理项目信息门户包括：项目信息、质量安全、合同造价、进度管理、知识管理、日常办公等组件。每个组件由一些模块组成。在每个模块中，进行各种操作，实现相应功能目标。

基本构成：组件、模块、WBS、作业。

①组件

②模块

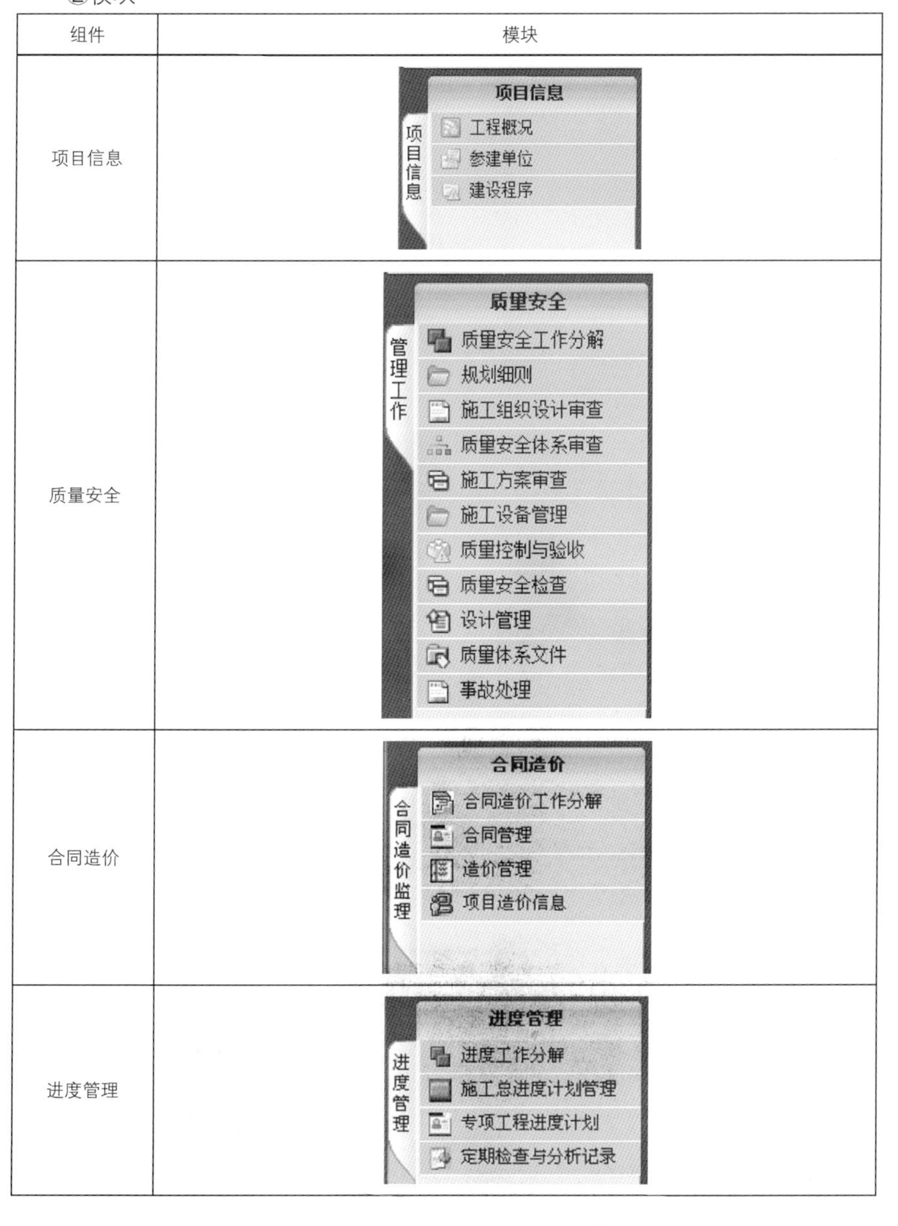

| 组件 | 模块 |
| --- | --- |
| 项目信息 | 项目信息：工程概况、参建单位、建设程序 |
| 质量安全 | 质量安全（管理工作）：质量安全工作分解、规划细则、施工组织设计审查、质量安全体系审查、施工方案审查、施工设备管理、质量控制与验收、质量安全检查、设计管理、质量体系文件、事故处理 |
| 合同造价 | 合同造价（合同造价监理）：合同造价工作分解、合同管理、造价管理、项目造价信息 |
| 进度管理 | 进度管理：进度工作分解、施工总进度计划管理、专项工程进度计划、定期检查与分析记录 |

③ WBS

即工作分解结构，在系统中“”记录条代表WBS;

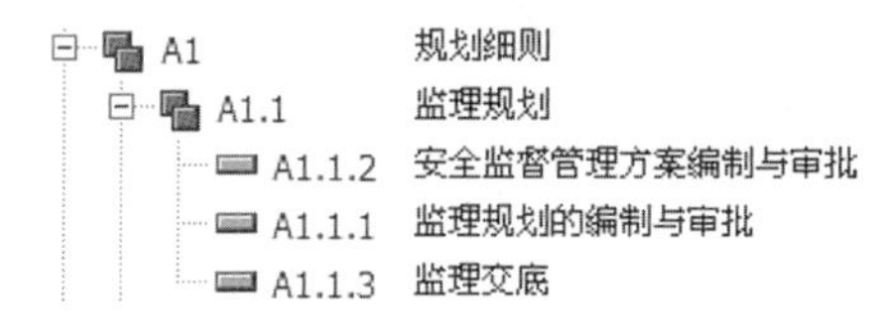


④作业：在系统中“”记录条代表作业；

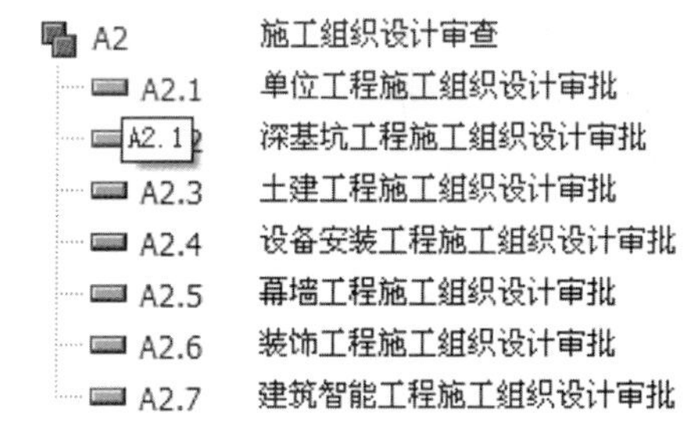


企业级工程监理项目信息门户利用互联网技术，建立了公司与项目监理部之间的互动平台，实现了企业管理者对在建所有项目的监理工作实行即时管理。公司管理者不需到现场就可以了解项目的基本情况（包括项目建设的现场实景照片），检查项目资料，只要有计算机和网络就可实现，缩短了公司与项目距离，减少公司在管理过程中产生的成本。真

续表

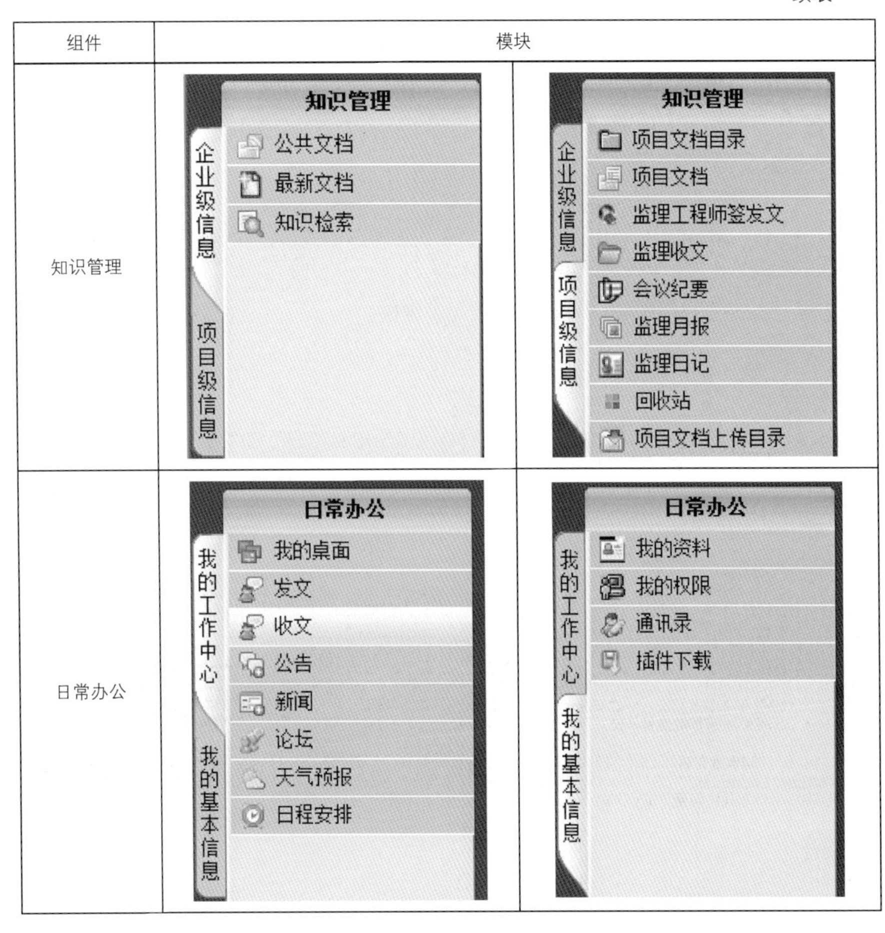

| 组件 | 模块 | |
|---|---|---|
| 知识管理 | 知识管理：企业级信息：公共文档、最新文档、知识检索；项目级信息 | 知识管理：企业级信息；项目级信息：项目文档目录、项目文档、监理工程师签发文、监理收文、会议纪要、监理月报、监理日记、回收站、项目文档上传目录 |
| 日常办公 | 日常办公：我的工作中心：我的桌面、发文、收文、公告、新闻、论坛、天气预报、日程安排；我的基本信息 | 日常办公：我的工作中心；我的基本信息：我的资料、我的权限、通讯录、插件下载 |

正实现跨组织、跨地区、跨部门的协同管理与控制，提高企业对建设监理项目 / 项目群的多项目管理能力。

企业管理者可根据本企业的工作要求，在“作业指引”中对项目监理工作的每项作业撰写详细的作业指引，规范每项监理作业，指引每个项目监理人员按公司的统一要求开展监理工作，如图 2。而在“参考资料”中，企业管理者可以制定企业统一的监理工作模板，使得各项目所使用的规划、细则、表式、台账、规范填写用语等统一、规范，使同类项目的监理工作标准化、规范化、程序化，形成企业的统一模式，如图 3。

公司推行使用“项目信息门户”后，在统一的用户平台上，通过项目的数据不断上传、存储，这种数据量将随着时间的推移越来越大，既有已竣工项目的历史数据，也有在监项目的实时数据，形成了企业的知识库，企业管理可以通过“项目信息门户”的统计工具对大量的数据进行整理、归纳、总结，形成企业知识库，对企业的经营、为项目业主提供监理超值服务、开展项目管理业务等提供有力的技术支持。

企业级工程监理项目信息门户收集了 2000 多个规范、400 多本图集的电子文档，并分门别类进行了整合，可供项目监理人员随时灵活使用，减少了企业管理者为项目购买、提供规范的各项成本开支。同时，这些标准、规范等可以适时地进行更新，实现了信息资源的共享。

项目竣工后或项目终止时，可以将项目监理资料轻松归档、打包、刻盘，企业管理者可以随时、随地查阅历史项目监理资料。项目资料打包功能，为竣工项目的电子资料归档提供了便利，便于项目监理资料的归档。

公司为了推进项目信息门户的推广，加强了相关的考核管理，明确“项目信息门户”推广使用的范围及时间安排、培训、奖罚规定以及评分细则。在奖罚规定中明确对考核为优的和差的分别予以奖罚，奖罚实时进行，立即兑现，有效地推进项目的使用。在评分细则中，对各模块 WBS 中的作业文件确定相应分值，根据各项得分最终加权平均得分，再根据得分实时奖罚。

## 七、监理企业信息化建设的保障措施

1. 加强上级建设行政主管部门的引导作用

加强监理企业信息化软件的科学研究，为监理企业信息化发展提供理论支撑；组织制定监理企业信息化水平评价标准，推动监理企业开展信息化水平评价标准，促进监理企业信息化水平的提高；鼓励企业进行信息化标准建设；组织开展监理企业信息化示范工程，发挥示范监理企业与工程的示范带动作用，引导并推动本地区以及监理行业信息化水平的提升。

2. 发挥监理行业协会的服务作用

组织编制监理行业信息化标准，规范信息资源，促进信息共享与集成；开展监理行业信息化培训，推动信息技术的普及应用；组织监理行业信息化经验和技术交流，开展监理企业信息化水平评价活动，促进监理企业信息化建设；

开展监理行业应用软件的评价和推荐活动，保障监理企业信息化的投资效益。

3. 加强监理企业信息化保障体系建设

重视监理企业信息化标准建设工作，重点进行监理业务流程与信息的标准化；建立监理企业信息安全保障体系，确保监理企业信息安全；加大监理企业信息化资金投入，每年应编制独立的信息化预算，保障信息化建设资金需要；加强监理企业信息化管理组织建设，设立专职的信息化管理部门，推进监理企业信息化主管（CIO）制度。

## 八、结语

监理企业信息化的建设是一项不断发展完善，长期综合的系统过程，不能一蹴而就，需要分阶段、有步骤地进行。监理企业要把信息化建设提升到企业的经营战略高度，以发展的眼光、系统的思路来规划和进行信息化建设工作，做到与时俱进，同企业的发展目标相结合。

监理企业管理者应提高对信息化建设的认识，加大信息化建设的投入，监理企业信息化的建设一定会有质的飞跃，将对监理的工作水平、工作效率、监理成本和风险、监理企业的创新能力发挥巨大作用。


参考文献：

[1] 王众托. 企业信息化与管理变革[M]. 中国人民大学出版社，2001.8.

[2] 江苏省建设监理协会. 江苏省监理企业信息化交流研讨会论文集，2011.9.

[3] 吕越. 企业信息化建议与运行[J]. 科技与区域经济，2004.4.

[4] 刘卫民. 浅析企业信息化建设的瓶颈及对策[J]. 西部煤化工，2007.1.

[5] 陆群浩. 浅谈信息技术环境下的工程项目信息化管理[J]. 价值工程，2010.10.

[6] 关于印发《2011-2015年建筑业信息化发展纲要》的通知. 建质[2011]67号，2011.5.

[7] 蒋惠明，王晓觅. 监理企业信息化建设初析[J]. 江苏建设监理，2012.3.


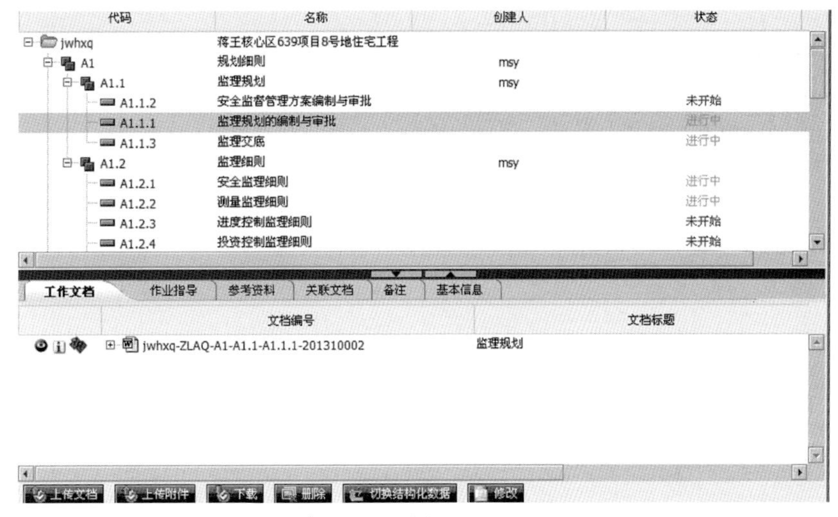


图1

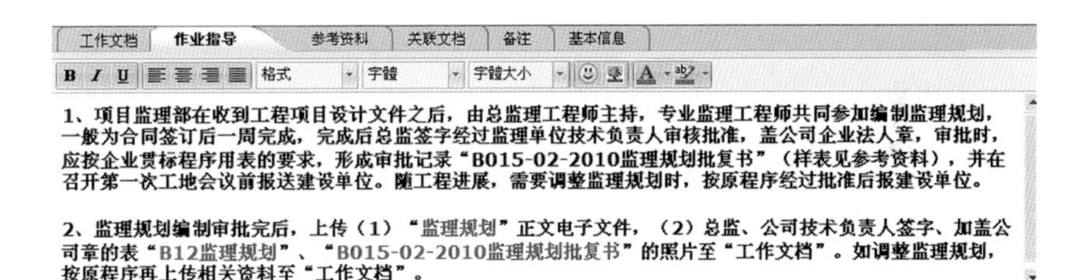


图2

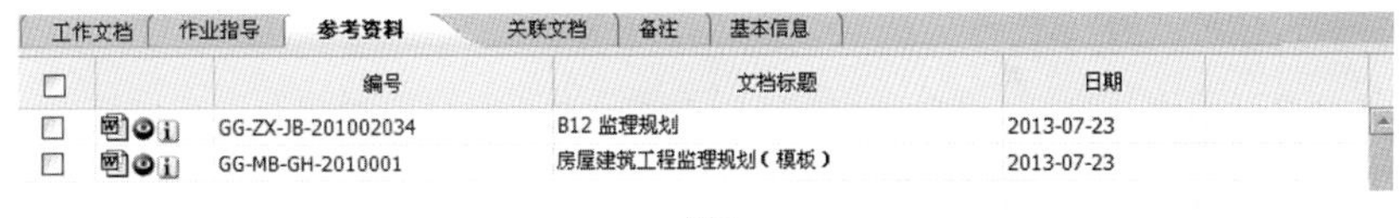


图3

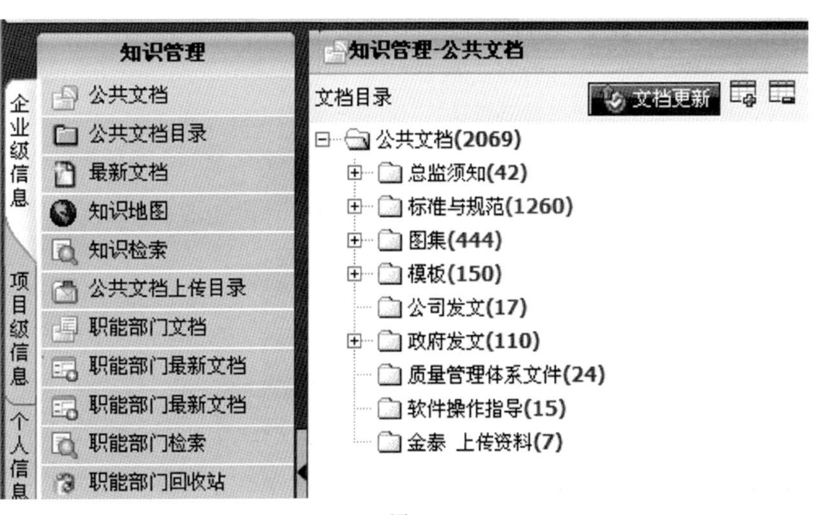


图4

# 浅谈监理工程师如何降低自身安全责任风险

宁波宁大工程建设监理有限公司　雷永华

**摘　要：** 随着建设规模的扩大，各种大型、综合、复杂工程越来越多，对安全监理工作提出了更高的要求。本文站在安全监理工程师的角度，对其自身降低风险必须具备的素质及应采取的对策、措施、工作方法进行论述。

**关键词：** 监理工程师　责任风险　防范

当前建筑施工安全生产形势十分严峻，建筑施工事故频繁发生。从经常见到的事故报道中可以得知，几乎每次事故都有监理单位（人员）牵涉其中，由此可见监理单位（人员）在工程建设施工中面临承担法律责任的风险进一步加大。

通过对大多数工程事故的分析得知，发生事故的很大原因都是因为没有严格按照法律、法规、标准、规范进行施工（监理），特别是安全工作程序不到位，降低自身风险所需的相关知识欠缺。因此，监理工程师应熟悉和掌握相关知识，采取相应对策，以便更好地降低自身安全监理责任风险。

## 一、降低安全责任风险的前提条件

作为一名安全监理工程师，要在越来越复杂多样的工程施工现场降低自身的安全责任风险，首要的工作就是要提高自身素质。而提高素质的首要任务是熟悉相关的法律、法规、标准、规范，熟知现场的危险源要素。

1. 熟悉相关的法律法规

法律法规是安全监理工程师专业知识中不可缺少的一个重要方面。《建筑法》、《安全生产法》、《建设工程安全生产管理条例》、《建筑工程安全生产监督管理工作导则》、《关于落实建设工程安全生产监理责任的若干意见》等对监理单位安全生产管理职责、安全监理的主要工作内容、安全监理的工作程序和安全生产的监理责任作出了明确规定，必须认真学习并掌握。

2. 完善和落实各项工作制度、职责

监理工程师应完善、落实相关行业主管部门和公司的各项有关制度，并整理好相关资料备查。其中不可缺少的制度有：

· 首次施工安全监理交底会议制度（可与工程项目第一次工地会议合并进行）；

· 施工安全监理例会制度（可与工程项目工地例会合并进行）；

· 专项施工方案的报审制度；

· 危险源交底监控制度；

· 施工安全监理巡视制度；

· 施工现场安全检查制度；

· 施工安全设施、施工机械验收核查制度；

· 施工安全监理报告制度等。

而安全监理工程师主要的工作职责是：

a. 编写施工安全监理细则，负责具体实施建设工程项目的安全监理工作。

b. 协助总监理工程师审查分包单位资质并提出意见，核查特种作业人员的资格证书。

c. 督促施工承包单位建立、健全施工现场安全生产组织保证体系和安全生产责任制。

d. 审查施工承包单位提交的施工组织设计的安全技术措施及专项施工方案，向总监提出报告并监督承包单位实施。

e. 督促施工单位做好安全技术交底工作。

f. 核查施工安全设施和施工机械的验收工作。

g. 指导安全监理员实施现场安全巡

视、检查等日常施工安全监理工作。

h. 负责施工安全监理资料的收集、整理和汇总。

3. 熟悉施工危险源的要素

酿成施工安全事故的根源来自危险源，分析、识别危险源，评价危险源的安全风险，制定危险源的监控方案和措施并切实加以落实，才能达到预防事故的发生、降低自身风险的目的。施工现场危险源主要来自以下几个方面：

（1）人的因素：包括操作技能、安全生产知识及水平、实际经验，作业者的劳动态度、认真仔细的敬业精神、作业时的体能和心态。

（2）物的因素：作业时施工所持工器具，防护用品及加工对象的材料、构配件、动力资源、工作介质是否符合相关标准，安全防护设施是否齐全配套等。

（3）工艺技术因素：作业人员采用的技术和方法是否正确，技术组织措施有无不当，施工作业程序、方式、顺序等。

（4）劳动环境因素：作业人员施工场地是否符合有关安全技术标准，如夜间照明、材料场地通风、狭窄的工作面、水下作业时的防排水设施能力、高空作业时的周边防护等。

## 二、降低自身安全责任风险的对策、措施

从目前法律、法规对监理工程师履行职责的规定来看，本人认为做好以下几方面工作非常重要：

1. 编制依据性文件

（1）安全监理规划：施工安全监理规划应该单独编制，应有针对性和可操作性，对危险源的分析、识别应与施工的实际情况相符。在施工过程中危险源情况发生变化时，安全监理工程师应根据实际情况对规划进行修改并按原程序重新办理审批手续。

（2）安全监理细则：对中型及以上的项目和专业性强、技术复杂、危险性较大分部分项工程应当编制监理实施细则。实施细则应当明确安全监理的方法、措施和控制点，具体内容应包括相应工程的概况、相关的强制性标准要求、安全监理控制要点和检查方法及措施；专业工程特点与施工危险源的分析；安全监理人员的分工，等等。

2. 施工前的审核和检查

（1）审核施工组织设计及专项方案

审核内容应包括：编制的依据；总包单位的自审程序及按规定应组织论证的分部分项工程是否进行了专家论证；各分部分项工程的专项方案是否符合强制性标准的要求，是否具有针对性；安全验算结果是否符合相关要求。对不符合要求的应写出明确意见，退回施工单位补充修改。

（2）检查施工单位安全生产管理体系

检查施工企业在该工程项目上的安全生产规章制度、安全管理机构和岗位责任制是否健全以及专职安全管理人员配备情况；审查施工总承包企业、专业分包和劳务分包企业的资质及安全生产许可证是否合法有效，各类人员（管理人员、三类人员、特种作业人员）是否具备合法资格；核查大型起重机械和自升式架设设施及其他安全设施的验收手续；审核施工企业是否针对施工现场实际，制定了应急救援预案；检查安全防护措施费用的落实情况。以上检查结果如有不符合要求的情况，应以监理工程师通知单的形式督促施工单位整改。

3. 施工中的检查和控制

（1）应检查督促施工单位针对不同的施工阶段、时间段、季节、作业工种、分项工程进行交底。发现未经过交底进行施工的，应要求整改；检查交底的全面、具体和针对性，以防走过场；检查安全交底记录，包括交底时间、交底双方人员、交底记录是否符合规定。

（2）检查施工单位落实施工安全技术措施情况

安全技术措施是指导安全施工的具体规定，也是检查安全状态，进行安全交底和安全评定验收的依据。严格地按照技术措施进行操作，能有效地消除安全隐患，同时也就降低了安全监理工程师的自身风险。因此安全监理工程师应严格检查施工单位落实施工安全技术措施的情况，工程变化时及时督促施工单位办理补充、调整、变更手续。

（3）检查施工过程中的安全隐患并督促其消除或防范

对查出的各类安全隐患应要求立即整改，制定整改计划，定人、定措施、定经费、定完成日期；在隐患未消除前必须采取可靠的防范措施，如有重大险情应立即下达工程暂停令。

## 三、降低自身风险的工作方式、方法和手段

1. 工作方式

采用日常巡视检查、组织施工现场安全检查、现场安全会议、旁站跟踪监督、平行检验等工作方式。

2. 工作方法和手段

（1）审查核验

应督促施工单位报送相关安全生产管理文件和资料，并填写相关报审核验表；对施工单位报送的相关安全生产管理文件和资料及时审查核验，并提出监理意见，对不符合要求的应要求完善后再次报审。

（2）巡视检查

检查施工单位专职安全生产管理人员到岗工作情况；施工现场是否落实施工组织设计中的安全技术措施、专项施工方案；安全防护措施费用落实情况及其使用计划；施工现场是否存在安全隐患，存在的隐患是否按照监理机构指令实施整改。

（3）告知、通知及停工

安全监理工程师应以监理工作联系单形式告知建设单位在安全生产方面的义务、责任以及安全监理工作要求、建议等相关事宜。

对在巡视检查中发现的安全隐患，违反法律法规、强制性标准，未按照施工组织设计中的安全技术措施和专项方案组织施工的应立即签发监理工程师通知单，指令限期整改；监理工程师通知单应发送施工总包单位并报建设单位；施工单位在整改后应填写监理工程师通知回复单，安全监理工程师应复查整改结果。

安全监理工程师发现施工现场安全事故隐患，情况严重的应通过总监签发工程暂停令，并按实际情况指令局部停工或全面停工；工程暂停令发送施工总包单位并报建设单位；施工单位针对指令整改后应填写工程复工报审表，安全监理工程师应检查整改结果。

（4）会议、报告、日记及月报

安全监理工程师应参加项目监理机构召开的工地例会和有关专题会议，汇报、研究安全监理工作，处理有关问题。会议应形成会议纪要，并经到会代表会签。

施工单位不执行项目监理机构指令，对施工现场存在的安全事故隐患拒不整改或不停工整改的，项目监理机构应及时报告有关主管部门，以电话形式报告的应有通话记录并及时补充书面报告；针对某些具体的安全生产问题，项目监理机构可以专题报告形式向本单位和安全监督部门报告。

施工现场发生安全事故，安全监理工程师应立即向总监报告，情况紧急时由总监直接向主管部门报告。

安全监理工程师应每天记录安全监理工作情况，记录内容应包括施工现场安全现状、当日安全监理的主要工作、当日有关安全生产方面存在的问题及处理情况。

安全监理工程师应每月参与编制安全监理月报。月报内容应包括：施工现场安全现状及分析，当月监理的主要工作措施及效果，当月签发的监理文件和指令；下月安全监理工作计划。

## 四、工程实例

1. 工程概况

宁波梅山岛某酒店工程，建筑面积52616m$^2$，层数：地下一层、地上20层，高74.2m，框剪结构。安全监理内容有：施工用电、基坑施工、桩机施工、脚手架、坑（临）边防护、高处作业、模板工程。后续有塔吊（二台）、吊篮、升降机、三宝四口，等等。

2. 准备阶段安全监理

进场后我们做了如下工作：

（1）审查施工总分包企业安全许可证、三类人员、特种作业人员持证上岗，安全管理机构制度、规章、规程及各类管理人员与投标文件的一致性。审查施工组织设计及各类专项方案。针对本工程特点，基坑方案需专家论证，需不少于两次的审查。

（2）编制监理规划。其中安全方面规划单独章节编制。编制各种如基坑施工、脚手架、临时用电、拆除、模板、文明施工等安全监理细则及旁站方案。

（3）审核检查各种安全设施、防护用品，审核进场的各种机械、机具如电焊机、钢筋机械、平刨机、搅拌机、挖土机、打桩机、测量仪器，等等。后续进场的塔吊、吊篮、升降机等可在进场前审核。

3. 安全监理的过程控制

首先每天上、下午安全监理工程师现场巡视、检查。基坑土方开挖时派监理人员旁站。每周五召开监理例会。基坑工程作为整个工程的安全重点，我们分别就未按报审方案施工的如下几方面：分层开挖、集中组织排水、边坡防护及监测点位、监测时间、坑周边堆放钢筋等安全问题均通过书面发了《通知单》、《联系单》，由于地质较差，分层开挖对称开挖很重要，施工单位抢工期、凭经验施工问题突出，加之挖运土方施工属于当地工程队，管理较难。为此我们采取了专题会议（2次）、约见施工方公司分管负责人、书面报告建设单位（1份），发《停工令》（1份）。由于监理工作的认真负责，阻止了工程塌方的事故发生，降低了自身的安全责任风险（事后发现如果当时不认真按要求施工，就会出现大的塌方），使建设单位从初期的不重视转化为理解、重视、支持到信任。后期工程监理工作开展非常顺利，得到建设单位的大力支持。

## 五、结束语

应当特别注意的是，监理工程师在执行上述工作任务时，必须摆正自己位置，切记不可越俎代庖，否则极易承担错位责任，同时应当充分发挥自身专业技术优势，及时发现施工方案、施工技术等方面存在的隐患和缺陷，尽量避免发生安全事故，减少由此而产生的执业责任风险。

# 建筑工程项目管理中的质量控制

京兴国际工程管理有限公司　刘禹岐

**摘　要：** 质量竞争作为产品的一种重要的非价格竞争方式在当今各行各业生产技术不断发展的大背景下愈演愈烈，因此如何提高产品的质量，取得竞争优势成为各行业生产者共同追逐的目标。建筑产品作为一种特殊的产品，具有投资规模大、生产过程复杂且不可逆转、质量问题的可弥补性差、售后服务无法解决问题的特点，特别是工程质量没有达到国家规定的质量控制标准，其带来的后果远比其他劣质产品更为严重。加之建筑产品在使用过程中涉及人身财产安全，因此保证工程质量成为全社会共同关注的焦点。

**关键词：** 建筑工程　项目管理　质量控制

自改革开放以来，我国各行业在相关政策不断深入的大背景下都得到了蓬勃发展，尤其随着城市化进程的加快，建筑领域科技的进步，我国建筑业的进步突飞猛进。但在取得进步的同时，建筑事故也屡见报端，恶性事故的频繁连续发生及酿成的恶果，无不令人震惊。

建筑工程质量不仅关系到工程的适用性和建设项目的投资效果，而且关系到人民群众生命财产安全，因此保证建筑工程质量，是从事建筑行业项目管理人员、监理人员和施工人员的中心任务之一。而要保证工程质量最主要的是要在建筑项目的整个实施过程中做好建筑项目的质量控制工作。

## 一、我国建筑工程项目管理中质量控制的现状及存在问题

1. 工程质量控制的现状

工程质量控制工作关系到工程质量目标的实现，因此工程项目涉及的关系方从各方面工作抓起，力争保证工程目标的实现。工程质量控制的现状可以通过工程质量控制措施表现出来，目前工程质量采取的质量控制措施主要表现在：

（1）抓好工程设计质量

质量是设计进去的，是建造出来的，设计是产品开发的源头，决定了产品的“固有质量”。高质量的产品源于高质量的设计。所以要抓好质量，首先要抓好设计。

（2）重视工程采购质量

房地产企业集成整合者的角色定位，决定了从设计到施工、监理、材料设备供应等整个链条上，均需要从外部采购资源。采购工作质量的好坏，或者说采购到的产品或服务的质量，决定着最终产品的质量，决定着整个项目的成败，也决定了开发企业在市场中的地位和核心竞争力。因此，采购过程的质量管理是保证全面质量的重要环节，应该与设计质量管理一样受到关注和重视。

（3）关注工程建造质量

工程建造质量是决定工程建设成败的关键，质量的优劣，直接影响工程建成后的运用。工程建造质量的好坏，影

响建设、施工单位的信誉、效益。控制工程建造质量是参建各方工作的重点，也是参建各方共同的职责。作为建设单位，应以质量控制为中心，始终把工程质量作为工程项目建设管理的重点。

（4）协助配合质量监督工作

在工程项目的整个生命阶段自始至终伴随着相关监督部门的监督工作，监督是对项目质量的督促和限制，密切协助配合监督部门的监督工作，是工程质量得以保证的前提。坚决杜绝采用一切非法手段阻止或妨碍有关监督部门的监督工作，更不能出现采用不正当手段使不合格的工程蒙混过关。

2. 工程质量控制工作中存在的质量问题

尽管工程涉及的各方都在质量控制方面给予高度重视，且行使着各自质量控制的义务与责任，但工程质量控制并没有达到行业要求的标准，在控制的过程中还存在很多问题。要想提高工程质量控制工作，就必须准确认识到存在的问题并有针对性地提出解决措施。结合我国工程建设行业和工程质量控制的发展现状，当前我国建筑工程质量控制存在的问题主要表现在以下几点：

（1）质量控制法律法规落实不到位

随着建设行业的不断发展，为促进其不断行业化和规范化，国家住建部制定和颁布了一系列相关的法律法规，各建设相关单位在贯彻国家法律法规的宗旨下也制定了企业的内部质量控制制度。但国家和企业都没有一个很严谨完备的法规和制度执行监督机制，以至于很多时候这些法律法规和制度形同虚设，被拿来用作应付各种检查的工具，真正的执行力度不够，导致工程质量控制的真正效果与法规和制度约束的预期效果有很大的差距。

（2）“参与人”参与态度不积极

人是一切活动的主体，一切活动的效果不仅仅受到参与人的能力的影响，更重要的是要受到参与人的态度的影响。态度决定了参与人对待工作是否能够全力以赴。工程项目每一阶段工作的质量控制的效果都依附于人的参与积极性。工程项目的决策阶段，很多工程开发建设单位的决策者都是在没有全方位了解工程存在的价值和目的的前提下，受工程建成后带来的经济效益的驱使，盲目决策，盲目开发。项目的勘察设计阶段，设计人员在接到项目开发任务后在没有对项目的使用功能、环境影响因素等作彻底的调查研究，甚至没有借鉴同类项目的成功经验，就开始对项目方案进行设计；在各种设计大赛，品牌大赛的驱使下一味盲目追求设计上的“高水平”，没有真正落实项目的适用性。施工人员的施工水平更是影响项目质量的直接因素，目前我国很多施工队伍都是施工项目所在城市或地区的“新市民”，这个群体的成员大部分知识水平不高，质量意识薄弱，尤其是一些关键岗位、特种岗位上的操作人员没有经过专业的培训就盲目上岗，再加上社会给予这部分人的福利待遇与其劳动强度在一定程度上不成正比，导致了这部分人的流动性强，对工程质量的责任意识淡薄，最终影响了工程的质量。工程质量的监督管理部门的监督也会因为经济利益、人际关系等影响因素出现监督不严、执法不严的情况，最后导致合格等级的建筑产品成了优秀等级，不合格的建筑产品成了合格等级，放纵了建设单位、勘察设计单位、施工单位在很多工作上蒙混过关的行为。

（3）工程质量控制反馈不及时

工程项目本身是一个不可分割的整体，但在这个整体形成之前，工程建设过程中涉及投资建设单位、勘察设计单位、施工单位、监理单位等多且复杂的关系，这就出现了在工程产品形成过程中很多单位之间工作责任不明确，出现问题要么都想涉权，要么都不想管的局面，同一单位部门与部门之间，同一部门岗位与岗位之间也缺乏及时的沟通，很多质量问题即使发现，相关部门或人员也因种种原因，抱着“多一事不如少一事”的态度，没有及时记录和反馈，致使质量控制工作严重脱节，建设工作继续进展到下一个环节，最终小错酿大错，导致建筑工程事故的发生。

## 二、建筑工程项目管理质量控制的对策

要保证建筑工程质量，必须认真分析工程质量控制过程中存在的问题，并有针对性的进行研究解决，才能保证质量控制效果的提高，现根据质量控制中存在的问题，提出以下对策建议：

1. 提高工程质量的控制效果

工程建设过程中虽然存在着政府监督和社会监督，但目前的这些监督主要是针对工程质量进行的监督，要想真正保证工程质量目标的实现，在监督工程质量的同时，对工程质量控制工作的监督也非常必要，这就需要国家和建设相关单位在做好质量监督的同时，设立专门的质量控制监督机制。要想使这个机制有效地运行，首先必须确定这个机制的法律地位，赋予其与工程质量监督同样的权威性。其次配备专门的质量控制监督人员，主要负责核实各部门监督工作的落实情况，避免质量监督工作只是纸上谈兵，落为空谈。质量控制监督人

员要想做好这个工作，实现这个岗位存在的价值，必须具备必要的素质：首先熟悉工程建设的各阶段工作，对各阶段的质量控制的时点和重点有总体上的把握；其次具备专业的质量监督知识，能在监督工作中及时发现问题；最后要有认真负责的态度，敢于面对问题。

2. 激发各岗位人员的参与积极性

要激发各岗位人员的参与积极性，就必须使所有人员有一个共同追求的目标，并自愿为这个共同目标去奋斗，而加强建筑队伍品牌塑造，首先让各相关人员感受到大家所处的是一个整体，增强了彼此之间的“关联性”，其次“品牌塑造”在当今社会越来越受到认可、信赖“品牌消费”的大背景下，是各行业共同追逐的目标，在“品牌”欠缺的房地产行业如果能塑造出自己的品牌，并将这个品牌打响，所带来的经济效益是无法估量的，这对工程各相关人员都是极大的吸引。这种吸引力将驱使着所有工程参与人员时刻审视自己的工作，不断自检、不断改进，最大限度地调动了他们的工作热情，从而激发了他们的参与积极性，为工程质量控制工作的效果提供了主观上的保证。但品牌塑造不可能在真空中实现，尤其是面临的是结构复杂、道德水准不同、大部分人员“后方”不稳定的群体，要想真正树立起“品牌塑造”的意识，实现品牌塑造的目标，就必须分析这个群体的特点和需求，并有针对性地进行目标激发。以此在全员范围内形成浓厚的“品牌塑造”氛围。

3. 建立有效的沟通渠道

工程建设涉及的环节多且复杂，要保证工程质量控制效果，实现工程目标就必须将这些多且复杂的环节系统地连接起来，因此有效地沟通十分必要，从工程的启动到工程的最后竣工验收设立一个专门的质量控制信息员，负责各阶段质量控制情况的记录、汇总和上传下达，必要时进行各阶段质量控制的协调工作，就能保证工程质量控制情况的有效沟通，通过及时有效地沟通促进了工程质量控制的有效实施，为工程质量目标的实现提供了客观上的保证。

## 三、结束语

“百年大计，质量第一”。从社会角度来看，工程质量关系到建设行业的发展和人类的人身财产安全，从企业角度来看，工程质量关系到企业投资成果和经济效益，从而直接影响企业的生存发展。因此工程项目管理中，应高度重视工程质量控制工作，认真分析影响工程质量的人、料、机、法、环等因素，并合理地进行相关影响因素的配备和协调，以期使工程项目的决策、勘察设计、施工、监督等各阶段工作的质量达到最优，从而提升整个工程项目的质量，进而实现社会利益和企业利益的最大化。

尽管工程涉及的各方都在质量控制方面给予高度重视，且行使着各自质量控制的义务与责任，但工程质量控制并没有达到行业要求的标准，在控制的过程中还存在很多问题。要想提高工程质量控制工作，就必须准确认识到存在的问题并有针对性地提出解决措施。结合我国工程建设行业和工程质量控制的发展现状，当前我国建筑工程质量控制存在的问题主要表现在以下几点：质量控制法律法规落实不到位；“参与人”参与态度不积极；工程质量控制反馈不及时。

要保证建筑工程质量，必须认真分析工程质量控制过程中存在的问题，并有针对性地进行研究解决，才能保证质量控制效果的提高，现根据质量控制中存在的问题，提出以下对策建议：提高工程质量控制效果；激发各岗位人员的参与积极性；建立有效的沟通渠道。

# 浅析总监对施工组织设计（专项）施工方案审核应注意的问题

广州穗科建设监理有限公司肇庆分公司　贾真

**摘　要：** 监理机构在进驻施工现场前，有必要与建设单位有充分的沟通，踏勘现场，索取并熟悉设计图纸、地质勘探报告，收集招标投标文件、施工合同等资料，为开工前的工作做准备。在正式开工前，施工单位报送的施工组织设计（专项）或施工方案，是各个施工过程实施前的指导性文件，贯穿整个施工过程。总监对其规范性的审核尤显重要。

**关键词：** 总监　施工组织设计　方案　审核

随着社会的不断进步，建设领域法律法规也日臻完善，对监理行业的要求也越来越高，尤其对总监的要求非常具体、严格。做好总监工作，已不仅仅停留在对专业知识、协调能力、控制水平的层面。在开工前，对施工单位开展的第一项工作就是施工组织设计（专项）施工方案的审核，专业监理工程师对施工组织设计（专项）施工方案的审核后，应提交总监审核。这一点要求不论在《监理规范》GBT 50319-2013，还是住房城乡建设部关于印发《建筑工程项目总监理工程师质量安全责任六项规定》的通知中都有明确的规定。作为总监，在实际工作中对施工组织设计（专项）施工方案规范的审核，对于整个拟施工过程来说起着承前启后的作用。

## 一、对施工施工组织设计（专项）施工方案审核前的准备

1. 施工组织设计（专项）施工方案的编制范围的确定

现场监理机构在接到建设单位下发的施工图纸后，看懂看透施工图纸，尽可能领会设计者意图，认真整理图纸的横向关系（建筑图纸、结构图纸、装饰装修图纸等）和图纸的纵向关系（土建图纸、给排水图纸、电气照明图纸、通风及空调等），分清拟建工程施工过程中哪些分部分项工程属于需要编制由监理机构审核的专项方案（包括质量方面和安全方面），哪些分部分项工程是属于需专家论证的，超过一定规模的，危险性较大的专项施工方案（安全方面），做到心中有数，不能遗漏。要求施工单位在开工前限期提交相应的施工组织设计、（专项）施工方案到驻场监理机构待审。

建设单位在提供项目的周边管线、毗邻建筑物原始资料后，应建议由建设单位组织，会同施工单位、监理机构一起踏勘现场，再次确定拟建工程在施工过程中有可能影响到的周边设施情况，为方案的编制和审核提供针对性依据。

2. 熟悉相应的编制依据

监理机构在审核施工组织设计（专项）施工方案前，监理审核人员应熟悉相应的编制依据、各种法律法规、行业或部门规章、地方或区域政策等要求。针对拟建工程的特点，一一对号入座。尤其是总监审核意见，是施工单位按照方案即将组织实施前的最后一步。应做好充足的准备，掌握方案中提及的各种依据的内容，尤其注意是否有违反强制性

条文的部分，认真审核，慎重签署意见。

## 二、施工组织设计（专项）施工方案的审核过程

1. 施工组织设计（专项）施工方案格式和签章的合规性审核

首先应核对施工组织设计（专项）施工方案的名称、编制人、审批人、签发日期、盖章是否合规、注册章是否与报建资料项目经理相符、是否过期等审核，通过后方可进行下一步编制内容的审核。确定施工单位送审资料是施工组织设计还是专项施工方案。

例如：按照《建设工程施工现场供用电安全规范》GB 50194 规定，临时用电设备在 5 台及 5 台以上，或设备总容量在 50kW 及 50kW 以上者，应编制临时用电组织设计编制审核。超过一定规模，危险性较大的分部分项工程中，要采用《建设工程监理规范》2013 年版表格要求，意见栏要求建设单位代表也应签署意见。在审核前确定施工单位报审所用表格格式的正确。

2. 方案与现场实际情况的适应性

施工单位编制的施工组织设计（专项）施工方案应与施工现场情况高度统一，这是审核施工组织设计（专项）施工方案的大前提。施工单位在编制前，应充分踏勘现场，了解建设单位提供的地质资料、管线隐蔽资料是否与实际情况相符。尤其要注意建设单位提供的“三通一平”的条件（现有条件决定总平面图中，水、电驳接口位置、排水标高、是否涉及深基坑方案论证、主要施工道路与出入口是否合理等一系列问题）。

例如：周边工地已安装塔吊是否与拟建工程塔吊回转半径存在交集？塔吊回转半径内是否存在变电系统及高压线等情况；场地现有变压器容量是否能够保证拟建工程正常施工用电需求等；另如：《建筑施工扣件式钢管脚手架安全技术规范》JGJ 130–2011 规定，钢管宜采用 48.3mm×3.6mm，但现场实际情况大多采用 48.0mm×3.0mm。编制前，一定要与施工单位确认后再审核，确保送审材料与实际使用材料的一致。再如：悬挑式脚手架固定环采用 HPB235，《钢筋混凝土设计规范》GB 50010–2010 与《钢筋混凝土用钢　第 1 部分：热轧光圆钢筋》GB 1491.1 要求的区别，这点在审核悬挑式脚手架专项方案前应注意。

3. 方案编制依据的合理性和实效性

施工单位编制的施工组织设计（专项）施工方案的依据应充分合理，不能生拉硬套。编制依据应是现行版，不能把淘汰或废止的工艺和规范作为依据。这点需要总监长时间的学习和整理才能做得更加完善。原则上总监审核时不能干涉施工单位的施工组织形式和方法。应倡导施工单位采用成熟的新工艺、新方法、新材料。若施工单位采用“三新”且已编制在方案中，应审核其合理性、可行性、经济性。

## 三、施工组织设计（专项）施工方案的审核意见

1. 对施工单位编制的施工组织设计（专项）施工方案修改意见的签署

监理机构审核意见应有书面修改为好，建议在统表后增设审核（修改）意见栏附加页，把监理机构审核具体意见附后面，总监应保证审核修改意见及建议的准确性、合理性。这样更便于施工单位的修改。审核（修改）意见栏附加页建议附方案审批页后，更能体现审核过程的完整。

2. 施工组织设计（专项）施工方案报审表中意见签署

送审的施工组织设计（专项）方案审核通过或经施工单位修改完成且通过审核后，由专监 / 总监代表和总监分别按照《监理规范》GBT 50319–2013 中 B.0.1 表格样式填写审核意见。意见书写的字体、审核意见应规范，做到言简意赅，意见明确。并在规定位置签名、盖项目章和总监执业印章。例如：在审核《施工现场应急救援预案》的审核意见时，建议增加“经现场演练后实施”等字样。

## 四、审核通过后施工组织设计（专项）施工方案的调整

1. 施工组织设计（专项）施工方案调整的前提

审核后的施工组织设计（专项）施工方案原则上不建议擅自调整，但现场情况千变万化，如果遇到：施工工艺的改变、图纸变更、施工条件改变等就要根据实际情况及时调整施工组织设计（专项）施工方案。

2. 施工组织设计（专项）施工方案调整的重新审核

需要调整的施工组织设计（专项）施工方案，应对需调整部分进行修改，修改后重新报监理机构审核，通过后，将调整部分附加在原施工组织设计（专项）施工方案后，作为原方案的一个组成部分。调整后报审表建议新加另页。监理机构在审核前，应充分考虑调整后对质量、进度和投资的影响程度，并及时向建设单位形成书面汇报，得到建设单位同意后方可签署调整审核意见。

## 五、其他

1. 经审核后的施工组织设计（专项）施工方案，按照《建筑工程项目总监理工程师质量安全责任六项规定》应由施工单位给监理机构留存在现场一份原件备查。

2. 施工组织设计（专项）施工方案，不仅仅包括施工前期部分，在施工过程中也需不断添加和完善。例如：《建设工程质量管理条例》中第十五条、第二十四条发生的情况，都需另外编制，报审通过后组织实施。

3. 总包单位在实行合法分包时，分包单位的专项施工方案、梁柱交界处不同标号混凝土浇筑方案、一般质量问题处理方案等都是在施工过程中经常遇到的问题。要严把方案审核关，时刻把施工方案作为指导施工的必要、先行手段，力求做到“施工未动，方案先行”，真正把监理机构的监理审核落实到实处。

## 六、结束语

总监做好施工组织设计（专项）施工方案审核工作，只是监理工作的第一步，以后还有整个施工期间、保修期的很多事情要去处理和协调。时代在进步，各种法律法规、相关规范更新频繁，“三新”层出不穷，作为监理人更应该把握住科技进步节奏和脉搏。特别是项目总监，应及时浏览住建部、厅、局等网站发布的新消息，努力学习，充实自己，带动其他人，本着对自己负责、对将来负责的忠恳态度，本着独立、科学、公正的原则去做好监理服务，方能使监理这个行业立于不败之地。

# 浅谈医疗建筑项目管理（监理）专业化服务

安徽宏祥工程项目管理有限公司　王宁
安徽太湖县人民医院　汪志平

**关键词**：洁净手术室　投资控制　专业技术　专业化项目管理

随着医疗技术的快速发展和患者自我保护意识的逐渐增强，过去的普通手术室已经不能满足现代化医院的发展及病人对良好手术室环境的要求，洁净手术室在降低手术感染率和创造良好的手术室环境方面作用显著，已逐渐成为我国各类新建、改扩建医院的必然选择。医疗建筑相对普通民用建筑或公共建筑本身就复杂很多，洁净手术部又是医疗建筑医院的核心工程，涉及专业繁多，空间管线交错，平面布置要求高，同时要满足适用、安全、卫生、节能、环保等方面的要求，建设应注重空气净化技术措施，还应留有发展余地。项目管理（监理）团队一定要专业化，建设过程应掌握相关主要工作要点。

## 一、概念界定

洁净手术室是指采用空气净化技术，把手术环境空气中的微生物粒子及微粒总量降到允许水平的手术室。

洁净手术室设置净化空调系统，可以对室内的温湿度及空气中的非生物粒子和生物粒子均加以控制，从而达到净化效果，为提高手术质量以及洁净手术室的安全运行提供可靠的保障。洁净手术室的组成一般包括建筑装饰、净化系统、医用设备、通风管道、给排水管道、医用气体管道及电源电缆等。洁净手术室具有洁净程度要求高、相对密闭程度要求高以及满足各种功能要求高的“三高”特点。

## 二、投资控制管理

几乎所有的医院建设项目都或多或少走过弯路，花过冤枉钱。如何控制造价，是医院建设项目管理的管理要点，也是难题。项目管理投资控制要点是在如何从规划、设计、招标、施工一直到竣工验收过程中，做好造价控制，节省投资。

设计管理很重要，规划和定位要从医院的实际出发，每个医院洁净手术室的数量、配套的重症监护部以及消毒供应中心等需合理规划。合理的布局在医院建设过程中能很好地节省空间（也就是空间的最大最有效使用），从而节约投资成本，同时也能提高效率，起到节能的作用，在以后医院的使用管理上能节省很多的人力、财力和时间。

在控制工程造价的过程中，设计占有举足轻重的地位，通过招标等方式选择具有丰富医疗建筑设计经验的设计单位，确定经验丰富、综合技能全面的设计师担任设计项目负责人。

建前考虑得越详细，越能减少不必要的资金投入。

招投标管理很重要，净化手术室招标一般包含在医院净化系统工程内，采用深化设计及施工一体化方式；设备供货及施工专业化要求较高，潜在投标单

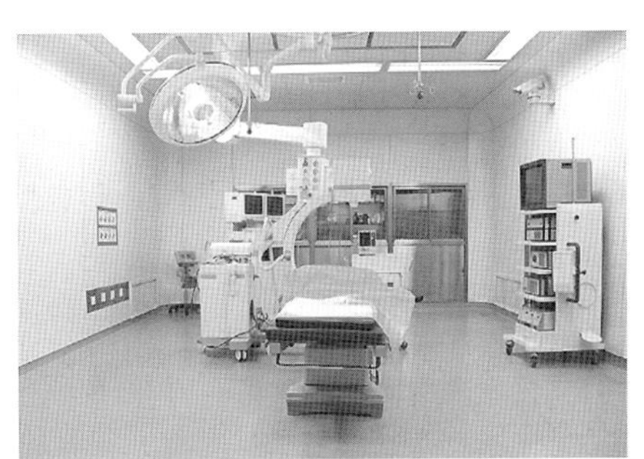
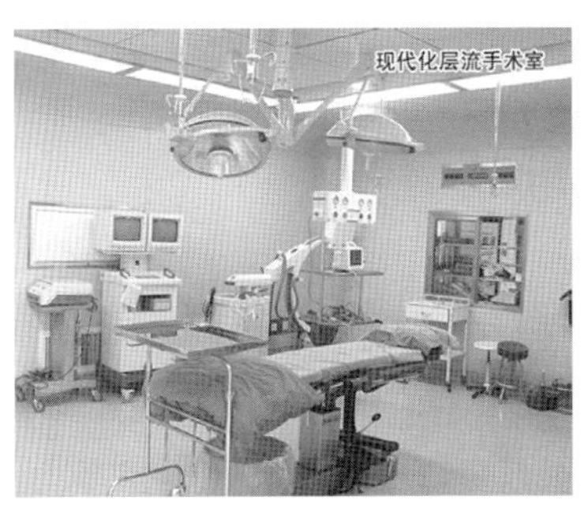

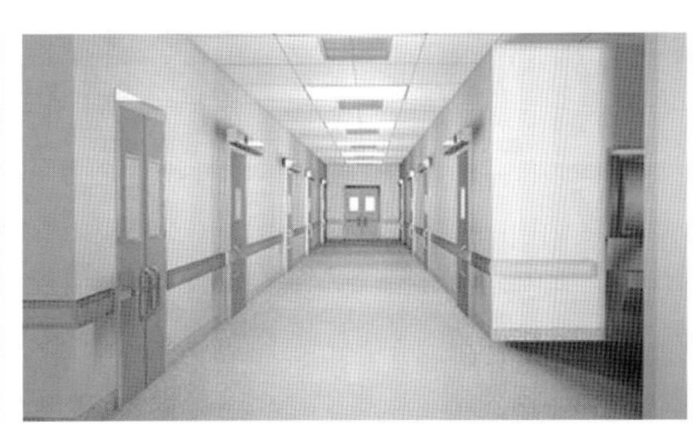

位全国范围内数量不多，要防止串标和流标。项目管理（监理）工作要点首先为提供专业化的设备、材料等技术参数；其次要认真审核代理单位编制的招标文件是否准确，严密、准确的招标文件能很好地保证建设工程合同造价的合理性、合法性，有效地控制工程造价；第三要做好标底审核，编标单位完成标底的初步编制后，项目管理单位要组织第三方造价咨询单位和专家对该标底进行审核；第四开标前应该严格审查施工单位资质和业绩，组织业主进行实地考察，避免实力不强、管理不善、技术力量薄弱的施工队伍进入。最后建议推行工程量清单计价报价与合理低价中标，以避免投标单位以低于成本价恶意竞争。所谓合理低价，是在保质保量的前提下的合理低价。

实施阶段管理，做好合同的签订工作，签订合同前，项目管理单位要协助业主对合同条款进行充分细致地分析、论证。签订合同时，对合同中涉及费用的如工期、价款的结算方式、违约都应有明确的约定。在签订的过程中，对招标文件和设计中不明确、不具体的内容，应给以澄清，得到有利于合理低价的合同条款。项目管理（监理）要利用自身的专业能力对在施工过程中可能引起索赔的因素进行必要的风险评估并提供相应的风险防范措施供业主方参考，比如采取工程保险、工程担保等风险转移、规避措施，避免业主方造成投资损失。

认真履行项目管理（监理）安全、质量、进度、组织协调管控职能，在项目的实施阶段注意加强“质量成本”控制及“工期成本”控制，避免安全、质量事故造成的费用增加。严格实施工程监理制，应充分发挥监理体系在控制投资、增加效益方面的作用，给预算、结算审查提供一套比较规范的设计变更、现场签证的资料文本，从而反映真实的工程量，签证必须达到量化要求，避免定性化和含糊不清的签证。

工程竣工验收及结算管理，一般情况医院项目多为政府投资主导工程，项目管理（监理）投资控制要点在做好设计、招标、工程实施阶段管理，按公司多年的项目管理（监理）实践，结算管理阶段只要协助跟踪审计单位即可。

## 三、洁净手术室专业技术

项目管理（监理）人员要掌握洁净手术室建设专业知识。熟悉《医院洁净手术室设计规范》、《医院洁净手术部建筑技术规范》(GB 50333-2013) 等规范内容。

手术室布局要求应严格划分无菌区（限制区）、清洁区（半限制区）、污染区（非限制区）。由外向内分别为非限制区、半限制区、限制区，应设双走廊，以便洁污分流。最外侧非限制区包括接收患者处、推车交换处、更衣室、厕所、值班室、杂用间等；中间半限制区包括办公室、敷料准备间、洗涤室、器械室等；最内侧限制区包括手术间、刷手间、无菌物品存放间；各区之间可用门隔开或设明显分界标志；要设有门关、鞋关。

手术间的安排，由外向内分为感染手术间、一般手术间、无菌手术间，感染手术间设在靠入口处，洁净手术部包括百级、千级、万级、十万级等；设工作人员通道、手术患者通道及污物通道。手术室间数 = 床位 ×2%，其中 I 级（百级）手术室间数一般不超过手术室总间数的 20%，专科手术室根据手术量配备。温湿度计净化要求，手术间窗要严密，能防尘、防蚊虫；温度宜保持在 20~25℃，相对湿度 50% 左右，并有空气净化装置。

合理的工艺布局是指能将患者、医护人员、洁净物品、污物物品能够高效、快速、方便、无交叉感染、安全地送到各自所需目的地；在设计过程当中就要考虑通道、电梯、数字网络、物流传动等的规划，使其合理地在整个洁净系统中发挥它的作用。

洁净手术室净化空调系统由空调系统和净化系统两部分组成，一般包括冷热源、净化空调机组（净化空调新风机组、净化空调循环机组）、送/回风装置、净化空调风管、定风量阀、加湿器、加热器、过滤器（初、中、亚高效、高效）及自动控制系统等。

洁净手术室净化空调系统与普通空调系统差别：首先，空气的净化和除菌。此系统不仅可以控制室内温湿度，保证医疗上必要的温湿度，而且还可对室内的尘埃、细菌及有害气体的浓度均加以控制，达到净化和除菌的效果；其次，注重细菌浓度的控制。该系统控制各区域的气流和风速，提供室内人员所需的新风量，维持室内外合理的气流流向和分布，并排出废气和有害气体，尤其注重对室内细菌浓度的控制，以达到降低手术伤口感染率的目的；最后，空气热湿处理过程中表现出的“一大两小”特点。医院的洁净手术室净化空调系统在空气的热湿处理过程中，与一般的舒适性空调相比具有送风量大、相对冷热负荷小、送风温差小的特点。

过渡季节的冷热源选用的注意事项：

建筑设计院在大楼空调系统设计初期就应当提前考虑好洁净系统所需的过渡季节冷热源。在过渡季节时，大楼的集中冷热源还处于停用状态，而洁净系统是个密闭的系统，仍然需要冷热源来进行恒温恒湿控制。

过渡季节的冷热源有两种配备情况：一是，洁净系统整年都采用与大楼独立的冷热源系统，过渡季节就不用另外备用的了；二是，冬夏两季采用大楼的集中冷热源时，过渡季节需要备用一组风冷热泵系统。

洁净区域的医用气体接口需求应提前考虑好洁净系统所需的医用气体供给。一般氧气、压缩空气和负压吸引都由大楼集中提供；一氧化二氮（笑气）、二氧化碳、氮气采用汇流排的形式，纳入洁净系统招标。

洁净系统与消防的配合为满足消防要求，洁净走廊需设置排烟系统；走廊和辅房需设置喷淋系统，手术室不用喷淋系统；整个洁净区域均设置烟感系统。

## 四、洁净手术室专业化项目管理

项目管理要准确定位，最大限度发挥管理优势，履行项目决策、设计管理、报批报建、招标管理、现场管理、信息资料管理、培训移交一条龙全过程的项目管理工作职责，还原监理规范明确的全过程、全目标的管理要求，为建设单位提供专业化、系统化的第三方管理服务。做好前期策划、善于沟通协调、强化过程管理、注重风险规避。受业主委托、监督、决策，履行策划、组织、实施、协调职责，管理服务到位而不越位。

做好设计优化管理，注意设计整合：接口、系统、优化；做好专业审查：完整、必要、冲突；提供专业技术咨询：分析、评估、建议。

首先要介入设计方案管理，特别是方案设计阶段，要听取各方意见：在设计过程中，要吸收医学专家、医院管理者共同组建设计团队，充分听取他们的意见和建议，以医疗流程分析为技术原点，从安全、功能、标准和经济等方面全面权衡，对拟建项目的洁净手术室进行仔细的分析比对，围绕项目医疗功能和指标要求确定一个经济、合理的手术室设计方案。

我公司经过多年的医院项目管理摸索，如果在医院总体方案设计阶段提前征集洁净手术室专项方案，并组织专家评审优化后专项设计方案纳入医院总体设计可避免后期发生设计变更，也有利于后期洁净系统招标造价控制，成功案例为肥东县人民医院，太湖县人民医院在方案设计阶段也提前进行了净化工程专项方案征集，得到业主方及设计院的认同。加强设计变更管理，尽可能把设计变更控制在设计阶段初期。

项目管理需提前安排洁净手术室专

**凤阳人民医院净化工程深化设计任务书（部分要求）** **附表**

<table>
<tr><td colspan="2">资料及文件名称</td><td>份数</td><td colspan="2">提交日期</td><td colspan="2">有关事宜</td></tr>
<tr><td rowspan="2">建设层数</td><td>建设规模</td><td colspan="3">设计阶段及内容</td><td rowspan="2">费率<br>元/m²</td><td rowspan="2">估算设计费（元）</td></tr>
<tr><td>建筑面积（m²）</td><td>方案</td><td>初步设计</td><td>施工图</td></tr>
<tr><td>4层、5层</td><td>6000</td><td>√</td><td>√</td><td>√</td><td>/</td><td>/</td></tr>
<tr><td colspan="2">建筑装饰施工图</td><td>5</td><td colspan="2" rowspan="2">合同签订后25个工作日内完成</td><td colspan="2" rowspan="3">设计深度满足医院洁净手术部建筑技术规范GB 50333-2013 和医院洁净手术部建设标准；符合住建部颁布“建筑工程设计文件编制深度的规定”（2008年版）</td></tr>
<tr><td colspan="2">给排水预留图纸、暖通、电气、医用气体、手术室设备、净化机房、智能化施工图</td><td>5</td></tr>
<tr><td colspan="5">备注：完成甲方所提供图纸标示范围内（手术部、ICU及消毒供应中心）的洁净装饰、给水排水系统预留、洁净空调暖通系统、建筑电气系统、医用气体、智能化、手术室设备、净化机房等的专业设计</td></tr>
</table>

项方案征集与评审、优化，需要专业技术团队支撑，了解洁净手术室的基本装备，以及洁净手术室相关的需要净化区域，提出深化设计任务书供代理单位编制招标文件，关键工作界面认定和设计成果要求。

制定专项报批报建管理计划，对项目涉及的报批内容事先谋划，合理交叉设计和报批工作，提前并主动协调各政府职能部门，充分利用投资业主优势，严格按照建设程序办理。洁净手术室报批报建与常规报批报建有差异，区别在于卫生学评价、医疗机构设置申请、辐射环评的报审。

实施阶段管理（监理），需配备专业化团队其具备医疗专项工程管理能力，参与管理人员综合素质要高，经验与发展并重，要满足当前使用需求与预期将来拓展空间，为此公司成立了医疗建筑专家库，专家库成员均为省内安徽医科大学附属医院、省立医院等三甲医院的医疗建筑专家，在医疗工艺、医疗设备规划阶段提供合理化建议；在设计管理阶段，参与方案论证与优化；在专项工程、大型医疗设备采购阶段审查招标文件相关技术参数，陪同建设单位考察调研，提出合理化建议；项目实施阶段，参加设计交底与图纸会审、方案论证，提供回复相关业主、设计、供货商技术咨询服务。

业主（项目管理）单位、设计单位、监理单位、施工总承包单位（含专项工程及设备供应商）按照合同约定，明确各方责任主体定位与责任分工，特别是业主单位主要负决策、监督职责，要对项目管理及监理单位放权，项目管理单位作为业主方的职责延伸，负责项目策划、组织、实施、协调等业主方的具体工作，不可越权，各方密切配合、相互监督。

强化总包单位管理与分包自身管理，突出监理现场管控，落实项目管理部监督管理。

现场实施阶段，业主、项目管理、监理等管理单位要做到安全管理不让步，质量问题不回避，进度促进不推诿，协调沟通不消极。施工单位安全管理要到位，质量管理要规范，进度推进要积极，总包单位分包管理要尽责。

保障信息畅通做好内业资料管理，1. 设计、采购、施工三阶段的信息的延续和有效性；2. 技术资料及时、准确、全面、完整；3. 建设管理过程的可追溯性；4. 管理资料专人负责，分阶段，及时归纳总结；5. 动态（影像资料）和静态（书面）并举；6. 实现隐蔽工程阳光化。

参考文献：

[1] 杜海军，曹雄. 浅析洁净手术室的运行和管理[J]. 中国医院建筑与装备，2011(1).

[2] 医院建设，如何少花冤枉钱？中国医院建筑与装备，2016-03-25.

[3] 医院洁净系统工程问题解析. 绿色医疗建筑，2016-02-01.

[4] 白伟，惠雪红，曹雄. 洁净手术室净化空调系统的管理及发展趋势. 延安大学附属医院.

[5] 医院洁净手术部建筑技术规范GB 50333-2013.

[6] 通风与空调工程施工质量验收规范GB 50243-2002.

[7] 洁净室施工及验收规范GB 50591.

[8] 医用气体工程技术规范GB 50751.

# 关于如何成为一名优秀的监理工程师的思考

广东海外建设监理有限公司　曹昌顺

如何成为一名优秀的监理工程师是每一个监理从业人员都关注的问题，对此问题，不同的监理人看法不同，原因就在于每个监理人的主观条件不同，主要是立场、思想文化、经历的不同。对这个问题可能会有许多种理解，难说对错，却有高下之分，力求深入思考，而不仅仅是停留在表面的感性上。

笔者认为要成为一名优秀的监理工程师，是有规律可以遵循的。首先需要树立正确的价值观和假设系统。其次是端正好人生态度，比如积极、自信、勇气的态度，等等。最后是在良好人生态度的指导下养成良好的行为方式，比如，努力学习、发现兴趣、追寻理想等。归纳起来，主要是将做好监理工程师分为七个步骤，将每一步骤转变成可以执行的具体事项，循序渐进，稳步推进，如此坚持不懈努力，一定可以成为一名优秀的监理工程师。

## 一、必须要端正价值观和假设系统

这是个根本问题，关系一个人的世界观问题。作为监理工程师，首先要树立“解放监理思维”的价值观，所谓解放监理思维，就是要勇于冲破落后的传统监理思维的观念，善于从实际出发，努力开拓进取。当然它的内容也不是一成不变的，而是需要随着实践的发展而不断发展的，当监理理论、文件与实践发生矛盾的时候，应当修改的是理论，而不是实践。其次是要树立“实事求是”的价值观。尤其是当今社会，对于坚持实事求是的态度非常不易，但是无论什么条件下，事物规律都是客观存在的，不以人的意志为转移的，如果监理人不实事求是，依照客观规律去行动，是不可能管理好工程的，更不可能成为一名合格的监理工程师。因为工程管理本身有其内在的客观规律所要遵循。如果一个监理工程师能够长期坚持实事求是，那么他最终会养成敏锐、有洞察力的优良品质。而敏锐、洞察力对成为一名优秀的监理工程师是相当有益的。这样就能够拥有强烈的问题意识，善于发现监理工作过程中的问题，并善于处理问题。

## 二、要坚定职业理想，秉持监理职业操守

监理职业是年轻人的最佳职业选择之一。人生在世，无所见识就很难有所作为，真有见识就能赢得人们的尊重和重视，就能识别机会和赢得机会。监理人如何尽快地获得见识呢？见多就能识广！从事监理行业意味着，在你还年轻的时候就可以深入到工程项目监理部的第一线去见识各种企业和组织，领教各种复杂的管理问题和组织矛盾，跟各种性格特点和精神风貌的参建各方人员打交道，体会他们的兴趣爱好，感受他们的经验与教训。笔者认为，无论是想做真正的工程管理者还是想做大工程建设指挥的人，从监理咨询出发都是最佳的成长路径，从修炼监理技术及专业技术开始，一定可以成就一名优秀的监理工程师。

## 三、要建立合理的知识结构和思维方式

监理工程师需要注意，收集自己阅

读的书目，必须熟悉的工程项目案例，必须听的讲座，必须研读的监理月报及监理工作总结。通过自己的努力，把监理工程师必须建立的知识体系和思维结构清晰化、逻辑化、明确化。为了督促自己养成积极参与培训和学习的习惯，需要养成自律和他律的意识。道行有多高事业有多大，底蕴有多厚事业有多高。每一个监理工程师都必须确立这个立场，坚持不懈、持之以恒地实现知识的积累。另外，在夯实知识的基础上，还需要养成良好的思维方式，比如演绎、归纳、联想等思维法。所谓知识是思维之本，思维是知识之魂。

## 四、要熟练运用专业监理方法、工具、手段

监理工程师要养成使用各种专业方法和工具开展监理工作，把这当作吃饭家伙。监理方法有很多，找到适合自己的最重要，比如巡视、平行检验、见证取样、旁站，等等。学会使用工具解决问题，比如学习的工具、无形的工具（思考的方法、记忆的方法等）。熟练掌握编写监理规划、监理实施细则的方法，并转化为能力。任何方法转化为能力都在于运用。要将好的监理规划模板运用到实际工程中去，指导日常的监理工作。学会运用监理协调方法开展工作，比如，交谈协调法、书面协调法、会议协调法、情况介绍法、访问协调法，等等。

## 五、要经历足够多的工程项目的历练和磨炼

手术医生需要经手足够多的案例才能成为“一把刀”，生物学家需要积累够多的标本才能成为顶级专家，同样的道理，监理工程师能否成为第一流者，最重要的一个指标就是他经手过多少个项目，这些项目的专业品位如何。所以在公司的任职资格和晋升考评中，项目经验应该定为其中的核心指标。而有志向的监理工程师，也应该以经历积累，足够的项目为主要目标，把短期的个人收入当作次要的。最终练就一流的能力和掌握经验，个人收入和声誉就会像能力和经验的附带结果一样而水到渠成。监理这个行业，使监理工程师有了阅人无数，阅企业无数的机会。有志向的监理工程师一定要珍惜这种机会，深刻认识到这是走向未来大成就的决定性工作经历，要把项目历练和案例积累当作监理职业生涯的第一追求，把内心潜意识的追求和现实社会的需要结合起来。

## 六、要养成良好的监理职业习惯

这要当作事关监理工程师职业成败的关键成功要素来重视。职业习惯有很多，关键是要找到自己需要的，以下这六点职业习惯很重要：

（1）养成勤做笔记的习惯，比如做好监理日记、监理工程师通知单等，记录监理工作过程中遇到的问题和总结经验。

（2）始终给人留下良好的监理形象，诚实守信，树立做人做事的榜样。

（3）学会与参建各方人员分享监理理念、知识、方法。

（4）学会运用监理会议法协调解决矛盾和问题。

（5）养成与参建各方人员沟通的习惯，让合作交流成为习惯。

（6）将以业主或用户为中心的态度转化为习惯，这样就能够切实做到以用户利益为优先了。

## 七、要养成良好的生活习惯和生活态度

不会生活就不会工作，没有正确的生活态度就没有正确的工作态度。两者相辅相成，相互促进。良好生活习惯的养成不是一蹴而就的，要按照好的方式去行动，反复地做。好习惯是可以养成的，坏习惯也是可以戒除的。笔者认为以下习惯很重要：

1. 坚持锻炼身体和头脑；

2. 不可一日不读书；

3. 做好时间管理，按照事情轻重缓急，做好重要而不紧急的事情；

4. 学会感恩业主和坚持学习工程监理知识；

5. 学会分享，保有利他思想和行为；

6. 学会反省，反省是一种深刻的能力，多问些为什么。

笔者是越来越感受到，日常的生活习惯和生活态度，对监理工程师非常重要。习惯决定行为，行为养成性格，性格决定命运。监理工程师只有坚持把上述七步都做到位，相信终将会走向成功！这个七步做法，需要运用精神力量，坚持不懈地实践。监理公司可以依照这个程序来为监理工程师的成长创造条件和环境。当然监理公司创造的条件都是外因，外因也还要通过内因起作用，监理工程师最终能否成功，主要还是取决于内因，取决于监理工程师的内在，这决定他能否最终实现自己的人生追求。

# 上海新虹桥国际医学中心总控咨询服务内容的思考与探索

上海建科工程项目管理有限公司　刘枫

**摘　要：** 以上海新虹桥国际医学中心为项目依托，通过总控咨询服务的实际管理经历，浅谈总控咨询服务在该医学园区内的一些扩展咨询服务探索。

**关键词：** 总控　医疗　服务内容

## 一、引言

随着国家的发展，片区性，园区式的开发项目越发增多，而目前我国大型园区管理层的形成模式多为从政府部门抽调组成指挥部或项目公司，该模式往往存在人力资源不足，管理能力不全等原因，需要委托总控咨询服务团在这些开发项目上开展某几个专项的总控服务管理，并以第三方监管服务。但随着开发规模、建设标准、新型技术的不断提升，其对总控服务管理的内容似乎也在不断提出新要求。

本文以上海新虹桥国际医学中心项目为背景，以此项目的总控咨询服务的内容为探索点，分享其作为园区市医疗开发特点，总控方在其中拓展的一些服务内容的思考与探索。

## 二、项目简介

1. 总体简介

上海新虹桥医学中心项目（以下简称“医学区”），位于闵行区的西北角，属于虹桥商务区拓展区范畴，由罗家港—联友路—北青公路—金光路所围合的区域，规划总用地面积约 42.38 万 $m^2$。该医学园区内包含综合性医院若干、专科医院若干、一家医技共享楼、国际医院若干、特色专科医院若干、大市政规划道路、小市政道路及其他配套建设等内容。

本项目依托虹桥综合枢纽，面向长三角、全国乃至亚洲，到 2020 年将建设成“国内领先，亚洲一流，具备国际水准”的，提供高端医疗服务的综合性国际医学中心。

2. 建设背景

根据国务院《进一步鼓励和引导社会资本举办医疗机构的意见》、国务院《关于促进健康服务业发展的若干意见》等政策定位，医学区作为贯彻医疗改革试点、探索建设新模式的项目，其中各家医院均为社会资本投资建设，并倡导医技共享、功能共享的理念，提倡资源集约、能源共享。

该项目于 2013 年完成整体规划，其中，医技共享楼已经于 2013 年 7 月开工，相关共享配套建设已经陆续开展，各入驻医院亦在启动中，总控服务工作亦在开展、思考与探索中。

## 三、总控服务思考

围绕园区式发展、社会化办医的政策定位，在探索建设新型模式的过程中，无论是建设方，或是总控方，双方各自的角色定位需要探索，在推进该工程建设实施的过程中，无论是建设方，或是总控咨询方，对总控咨询服务内容均随着工程的不同建设推进阶段发生着变化。

1. 总控定位思考

该项目需要什么样的总控?

从医学区方而言，总控方以提供技术咨询、指导为主，譬如编制进度计划、编制某个流程、提供某个问题的质量咨询报告、设计咨询报告等，如此技术咨询服务偏向于点式服务，如同“急诊室”。

从总控方而言，以医学中心的建设理念为导向，从项目规划阶段、实施阶段、运营阶段进行总体考虑，分析相互影响关系，提供各类导则、规划、策划，成为“军师室”。

经过双方研究、探讨，最终形成通过模块化的策划，形成系列化的导则，开展一站式的指导，规范医学中心内各家医院方的建设理念，并以此为工作重点，使各家医院方遵循医学区规则开展建设工作，从而实现医学区的社会办医模式，成为“导游”。

2. 服务内容思考

模块化策划：就建设项目而言，我们常把模块分为建设时序策划、质量监管策划、安全监管策划、投资控制策划，但就医学区而言，其作为医疗项目、医改项目、社会办医项目，更需要从投资人角度、社会资源角度、就医体验角度进行服务探索，突破常规策划模块，扩展服务内容。

系列化导则：导则通常用于告知各入驻医院方需遵守的建设要求、需遵循的建设理念、需配合的建设内容等，但就医学区而言，各入驻医院许多是外方投资方，具有统一规划配套理念，导则的作用不仅仅是从规范、规定为出发点，而更需要以风险预警、建议指导、沟通渠道等方面为探索点，扩展服务内容。

一站式指导：指导工作不仅指对医学区的指导，因为，医学区建设理念的实现，离不开各入驻医院方对理念的理解、认同感和落实度，唯有协助医学区方，通过对理念的宣贯、对文件的解说、对政策的解读、对矛盾的解决、对各入驻医院的指导作为推进医学区建设基础，方能更好地实现服务价值。

以下主要就模块化策划、系列化导则中的扩展服务内容进行详述。

## 四、拓展服务内容之模块化策划

功能实现策划

1）功能共享保障

在功能共享方面，医学区规划有污水处理站（集中处理医学区内污水，并统一排放）、能源中心（采用冷热电三联供供能系统，为各地块建筑提供空调冷水、空调热水、生活热水）、环卫站（统一收集、处理、外运医学区内的生活垃圾、餐饮垃圾），以上各方简称“提供方”。

各共享功能的实现，亦需要从各入驻医院方（简称“接受方”）角度，结合施工服务、运维管理服务等作综合考虑。站在接受方角度，提供清晰的、明确的、完善的保障要求，让接受方接受医学区的提供，方能保障功能共享的实现。

在施工服务方面，要求提供方以服务为态度，事先明确并制定合理的与接受方的施工界面，明确相关管线入地块范围、明确相关施工内容，提供技术咨询服务，提供有偿施工服务清单，提供双向选择，透明消费。

运维管理界面，要求提供方明确自身的管理维养范围及管理维养要求，服务好各入驻医院，并提供个性化服务菜单，以供双向选择，体现人性化管理。

2）交通配套规划

交通配套规划指医学区内部交通流线设想、外部公共交通设想、整体停车需求设想等。

内部交通流线设想，首先对通行人员、通行车辆进行分析，该分析不仅需从医疗项目方面分析，而且需要从医学区（高端医疗单位聚集地），从医技共享（医学区具备统一的配药中心、影像中心、配液中心等）的特殊性作分析，其通行人员将会有医护人员、病患人员、探访人员、配套工作人员等，其通行车辆主要包括有医疗救护车、外来通行车、消防车、药品配送车、银行押运车、物流运输车、环卫车等；若全部流线均从地面交通解决，交通压力十分严峻，据此，一方面，通过地上（空中连廊连接形式的医患专用步行系统）、地面（内部道路连通形式）及地下（地下连通形式的药品、物流专用通道）三种形式进行分流；另一方面，将间歇性、规律性出现的环卫车、银行押运车等，进行专用线路规划以及避开交通高峰期的运行时间策划。

外部公共交通设想，从医学区运行发展的角度作为出发点，搜集上级部门对其周边的公交线路、轨道交通、公交始末站、港湾式停靠、扬招点的远期规划情况。分析其与机场、火车站的交通便捷性、可到达性；对于暂不满足“最后一公里”的情况，一方面，通过分析提出诉求，另一方面，同步提高医学区自身服务理念，例如提供短途接驳，专车预约等方式，提升服务形象。

整体停车设想，医学区内整体规划于2013年2月前完成，距今已有3年多，期间，随着2014年版《建筑工程交通设计及停车库（场）设置标准》的颁布，随着上海的停车资源，特别是医院的看病量越发增加，资源越发紧张，医学区内停车位的使用将面临一个严峻的考验。一则，通过分析提出诉求，挖掘周边停车资源；二则，通过优化医学区内整体停车系统管理，保证资源平衡；再则，通过预约停车系统，对后期的停车管理形成预判机制、通过公共平台系统，对来访患者形成友情提示机制。

3）运营策划

该运营策划指针对整个医学区的运营管理，其包含施工状态下的运营管理、全运营状态下的物业管理。

从运营策划的内容而言，其包括对医学区公共物业管理的内容，与各入驻方的产权物业管理的服务界面。

从运营策划的板块而言，其包括设计管理板块、组织管理板块，费用管理板块。所谓设计管理板块指在整体安防保障（人防、技防、围墙）、标识导引（过渡区域指引、独立指引）、交通流线（专用通道、交通引导）等策划需配合深化设计完成。组织管理板块指在应急机制、救护机制、活动会务机制、广告宣传机制等方面的预案准备。费用管理板块指公共物业管理服务费用的组成内容、分摊原则、使用依据应合理。

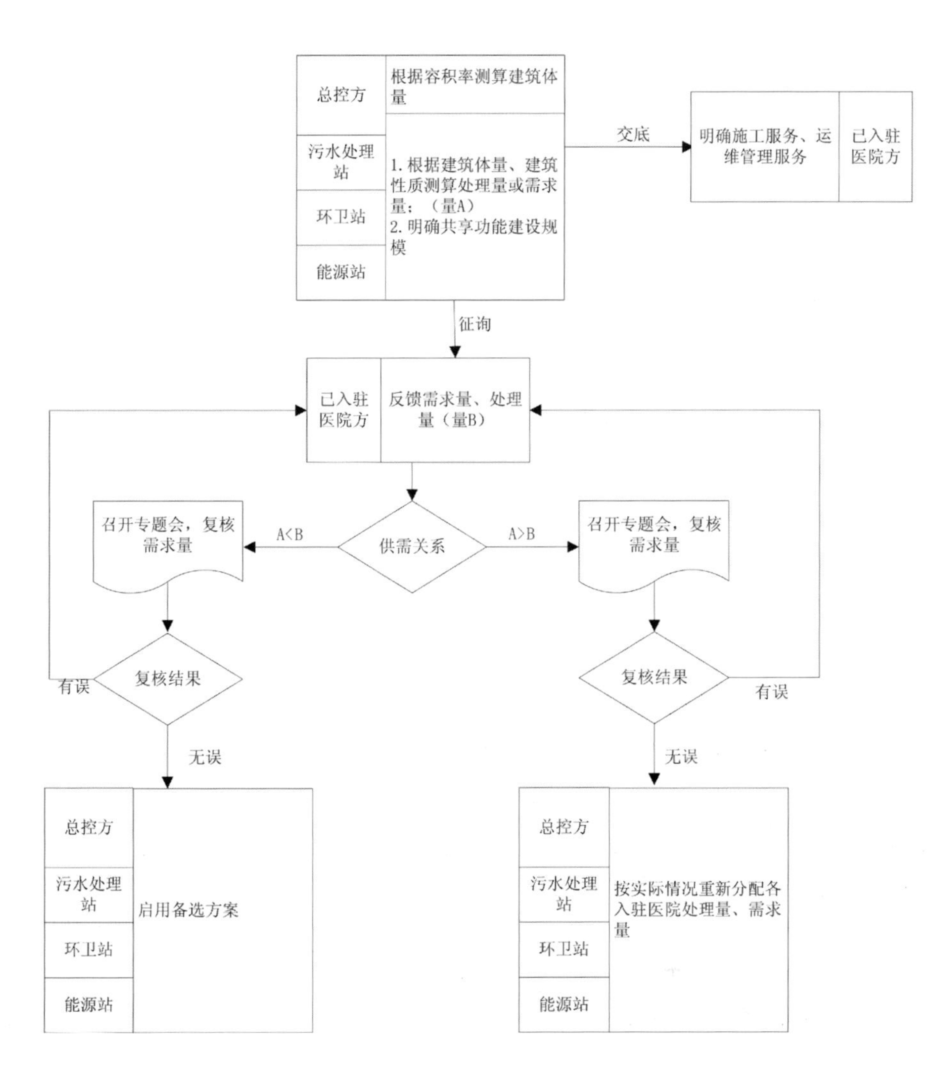


## 五、拓展服务内容之系列化导则

为使规范、引导各地块业主的建设行为和建设成果；保证园区统筹规划、统一开发、共创发展的共同目标的实现；对导则进行了系列化的编制策划，具体如下表：

导则框架一览表　　表1

| 一般信息专篇 | |
|---|---|
| 一 | 编制说明 |
| 1 | 适用范围 |
| | （针对园区各地块业主） |
| 2 | 编制目的 |
| | （保证园区统筹规划、统一开发、共创发展的共同目标的实现） |
| 3 | 概述 |
| | （入园导则编写原则、思路、主题：管理制度、园区规划、总体管控要求） |
| | （国家、地方、行业的法律法规、规章制度要求） |
| 4 | 文件效力 |
| | （明确导则内容的强制性和约束机制） |
| 二 | 园区概况 |
| 1 | 园区定位 |
| | （简单描述） |
| 2 | 总平面概况 |
| | （园区总体平面图、文字描述） |
| 3 | 主要参建方 |

续表

| | |
|---|---|
| | （园区建设方名称、对外主要联系人及联系方式） |
| | （闵行区政府部门相关介绍） |
| 三 | 园区界面 |
| 1 | 土地红线 |
| 2 | 用地红线 |
| 3 | 立项界面 |
| 4 | 设计界面 |
| 5 | 施工界面 |
| 6 | 物业界面 |
| 四 | 园区配套建设规划 |
| 1 | 市政配套规划 |
| | （园区红线外大市政道路、管线规划） |
| | （园区红线内小市政、地下通道、空中连廊及管线规划） |
| 2 | 功能配套规划 |
| | （排污站、能源中心、环卫站、相关医疗配套） |
| | （详见设计导则专篇） |
| 3 | 智能系统规划 |
| | （停车系统、门禁系统、时钟系统、信息通信系统等。） |
| 4 | 景观导视规划 |
| （1） | 导视系统规划 |
| | （外围的、园区的、地块的） |
| | （不同界面间的导示系统指引、关联） |
| （2） | 园区景观规划 |
| | （退界范围内的景观是否纳入地块绿化率） |
| | （用地红线内对绿化退界要求） |
| 五 | 园区建设时序 |
| | （大、小市政的建设进度计划） |
| | （已有项目建设目标描述） |
| 建设管理专篇 | |
| 一 | 报批报审管理 |
| 1 | 总体指标要求 |
| 2 | 信息反馈要求 |
| 二 | 采购合约管理 |
| 1 | 招、投标 |
| （1） | 法律法规要求 |
| （2） | 统一采购要求 |

续表

| | |
|---|---|
| | 园区统筹采购清单 |
| | 园区统一参数清单 |
| 2 | 合约签订 |
| （1） | 法律法规要求 |
| （2） | 园区总体要求 |
| | （廉政协议、安全文明施工协议） |
| 三 | 建设施工管理 |
| 1 | 场平管理 |
| （1） | 安防技防管理 |
| （2） | 三通一平管理 |
| | （临水、临电、临排、道路使用） |
| （3） | 使用申请制度 |
| 2 | 时序协调管理 |
| | （对相邻在建、已建建筑物的保护要求） |
| | （建设进度报备制度） |
| 3 | 开工条件管理 |
| （1） | 现场准备、报备要求 |
| （2） | 技术准备、报备要求 |
| 4 | 安全文明 |
| （1） | 法律法规要求 |
| （2） | 资源配置管理 |
| | （联合组织构架、应急材料总配室） |
| （3） | 作业管理 |
| | （建筑垃圾、生活垃圾处置） |
| （4） | 预防应急 |
| | （消防演练、应急处置） |
| 5 | 工程质量 |
| （1） | 符合性管理 |
| | （统一参数的采购内容报备制度） |
| （2） | 验收管理 |
| | （与功能共享建设相关的验收机制） |
| 6 | 款项支付 |
| | （影响社会稳定、安全文明的款项支付监管） |
| 7 | 事故处理 |
| | 安全、质量事故园区层面管理办法 |
| 四 | 信息管理 |
| 1 | 竣工验收资料 |
| 2 | 物业管理资料 |

续表

| | |
|---|---|
| 五 | 保险保障管理 |
| 1 | 强制性保险 |
| 2 | 建议性保险 |
| 交付运营专篇 | |
| 一 | 运营交付 |
| 1 | 交付管理办法 |
| 2 | 物业管理办法 |
| 二 | 宣传策划 |

该导则框架中的内容编写，拟采用三种形式，分别是总控方独立编写、总控方—专业单位联合编写、专业单位编写总控方审核。

## 六、主要存在问题及合理化建议

在拓展服务内容探索过程中，公司发现其对项目的总体规划能力、先期预判能力、专项知识要求均提出了新的要求，往往存在发现问题不能解决问题的情况，即使如此，我们不以是否可以解决为导向，有问题必提出、有风险必预警，并通过专业咨询建议并独立实施、专业咨询建议联合第三方实施、专业咨询建议由第三方实施的三种方式实现总控方的服务价值。

## 七、小结

相关拓展服务内容仍在探索中，希望基于此项目的一些简单浅显的想法，通过实际的管理经验，能为类似的总控咨询服务项目提供一些服务内容的经验。

# 浅析项目管理计划系统与编撰

宁波高专建设监理有限公司　罗英杰　俞有龙
※本中所介绍项目为实际案例，文中以“B项目”代称。

**摘　要：** 项目管理应特别重视计划管理。管理公司为业主提供项目管理服务，在工作过程中建立计划管理系统，以形成对计划综合管理控制（包括计划编撰、执行、检查及调整等）是非常必要的。编撰计划及了解计划管理系统，有助于项目管理团队成员（自项目经理至各岗位工程师）提高基础技能及工作效率。笔者结合所在公司从事项目管理实践，提出对项目管理计划系统与编撰的点滴分析，并以案例来表述实用管理计划表式及内容，思考对规范计划编撰及有关计划系统完善或扩展中存在的问题，旨在抛砖引玉，引发同行们更多有益探讨，以期推广实用项目管理计划编撰规范化。
**关键词：** 计划系统　管理公司　监理　合约采购计划　Project软件　编撰

## 引言

笔者在监理公司从事项目管理基础工作。公司主业是建设监理，自2003年起步开展项目管理业务，至今有十几年了（在当地属于积极响应原建设部关于推广建设监理从事项目管理服务号召的监理企业排头兵）。现在公司的项目管理与建设监理业务相辅相成，而且市场需求前景看好。公司现有70多位员工在专业从事项目管理，近年同期在建的管理项目高峰时达二十多个。

建设工程项目管理是专业项目管理公司为建设业主提供建设管理服务，包括一般性的业主建设管理及可以进行加成或组合提供的专业咨询服务（如设计管理、施工监理、造价咨询、招标代理等）。在项目管理条件下，业主主要承担的工作是资金筹备及行使对建设重大事项的决策权，而更多的具体管理事务则委托管理公司去完成。从建设立项甚至是从购地开始，项目设计、工程施工直至最后竣工交付以及办理产权证等所有过程都可以委托项目管理。对管理公司而言，项目管理业务经长期开展将出现多项目同时或搭接运作，以及从逐步积累经验到成熟经验得以提炼传承的局面，其中必然要制订一些制度或形成一些工作要求。宁波高专建设监理有限公司已经编写《建设工程项目管理服务制度汇编》，提出如何做项目管理，管理过程中应该要做些什么事，业务标准如何，等等。一如经典“系统管理”传承强调PDCA，公司在制度中多篇幅地提及计划管理，包括如何编撰建设总控计划、建设期实施阶段计划，如何从专业角度分解管理计划以及对计划执行情况如何实施检查控制等。以下就项目管理计划系统及编撰进行分析，并结合具体项目案例来表述实用计划表式及内容，进而归纳计划编撰要求、编撰技巧等，也简要提出对项目管理计划系统存在的一些问题及思考。

## 一、计划系统框图

如果说建设工程项目管理针对具体项目来说是基于一个项目的系统管理，自然就会想到它的各个方面的管理都应

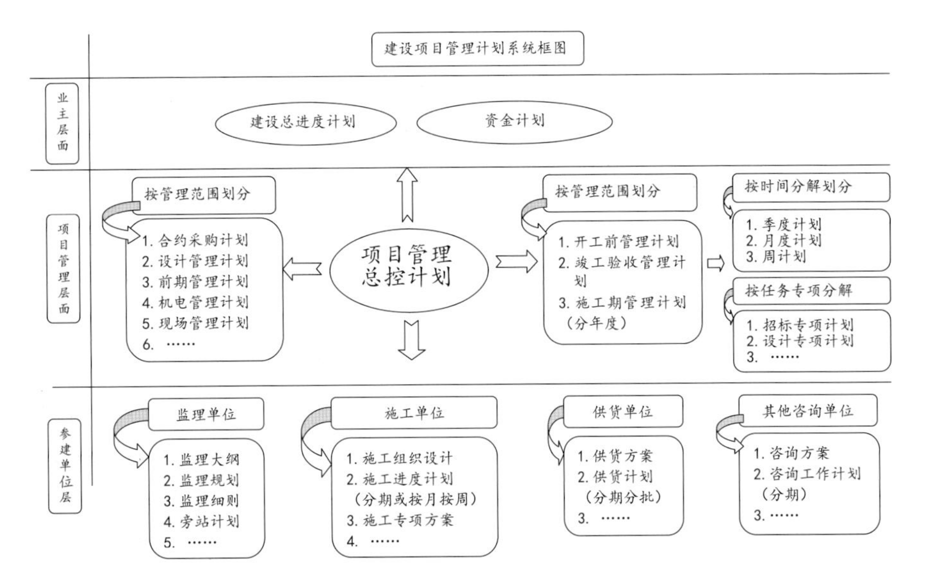


该有其系统性。以系统要求去进行组织策划，以系统计划去开展具体建设工程项目管理，公司监理工程师（尤其是项目经理）在从事项目管理实践中所追求的工作局面。几经思索，以下对项目管理计划，基于现实情况专门构思了一个不乏局限性的系统，并据此进行分析，以为经验供同行分享。

## （一）计划系统框图示意

结合所在公司项目管理实践经验积累，笔者为常规的工程项目管理构思了一个管理计划系统框图，如上图示。此计划系统框图是基于开展不包括监理业务在内的项目管理业务来描述的。

## （二）计划系统框图特点分析

计划系统框图组成特点可简要表述为“一个核心，两向分解，三个层面”。以下一一分析。

1.“一个核心”：管理计划系统的核心是项目管理总控计划，其编撰基础源自于业主项目建设总进度计划，主要体现项目管理工作总进度目标及工作分解总体安排，属于管理核心计划，或称之为“一级计划”。一般由项目部编制，提交管理公司审核并报业主确认。所有下级计划都围绕核心计划经分解细化调整而成，下级计划在执行过程中如出现重大变更也需以核心计划动态修订为依据，形成联动，再行修订等。

2.“两向分解”：主要指管理工作计划结合专业性的工作内容进行专业分解及结合建设阶段进行序时性的工作安排而形成两种分解方式的基础计划。其中，图示左边是按工作范围及专业范围来分解计划，如上所述建设项目管理计划按专业划分（这样也对应管理项目部的内部岗位分工与专业人员配置）形成合约采购、前期管理、设计管理、现场管理与机电管理等计划，即专业性计划，或称之为“二级计划”。专业性计划由项目部的岗位工程师在其职能部门经理指导下编制，提交项目经理负责审核，在业主提出需求的情况下尚需提交业主审定。专业性计划能充分体现专业技术工作特点，也是业主较为关注的。

图示右边是按建设进展阶段来编制的综合工作计划，这些计划以项目经理为主，组织项目部成员共同编制完成，是作为项目经理指导实际工作的执行性计划，或称之为“三级计划”、“四级计划”。编制依据是核心计划与专业性管理计划，是将核心计划与专业性管理计划按建设进展阶段来进行工作分解或组合而编撰的，如三级计划可以分解编制开工前管理工作计划、竣工验收专项计划或分年度管理工作计划。四级管理工作计划则更细致，可以是按月或按周编制项目部工作计划，也可以就专项工作而编制实施工作方案等，如现场工程师针对石材挂样板事项编制的作业管理计划、合约工程师针对总承包招标事项编制的招投标方案等。

3.“三个层面”：所指是按项目相关的重要干系人即参建单位编制计划，从而系统地分为上、中、下三层，对应表明计划系统的管理服务层次包括业主、项目管理方和其他合作参建方。上层是指业主。业主最关注项目总体进度，项目部应该围绕管理总控制计划调整优化建设总进度计划并提前知会业主；同时业主又关注投资运作计划即资金计划（包括筹备与使用），项目管理方应为其专门调研、编撰。中层是指项目管理层，如上所述“一个核心，两向分解”，不另赘述；下层指经过工程或服务发包后，相应的参建单位应该围绕项目管理总控计划而编制参建工作计划，包括监理、施工、供货及相应的咨询单位都应自行编撰各自系统的作业计划，如监理单位要编制监理大纲、监理规划、专项监理实施细则或方案甚至是监理旁站计划等。

笔者构思的计划系统框图，主要阐述项目管理计划的分解及项目管理以计划为中心产生与业主和参建各方的上下联系，这两方面均属于一个“系统”，使得计划控制中有其“系统”概念。此图便于项目管理机构（包括管理公司、项目部、项目经理及各岗位工程师）以系统思路引导计划管理控制，包括编撰、执

行、检查与调整，以形成在计划执行过程中有序地指引相关资源相互配合，以保证工程顺利实施。

在此简要说明计划分级概念。以上人为地将计划分成三级或四级，也是对计划系统概念的一种有意“深化”，更容易表现管理计划有其实用性。就建设项目管理计划来说，一级计划是综合性的，是管理总控计划，由公司决策层审定；二级计划则是阶段性的或专业性的，由项目经理决定也即项目机构层审定，如图示所述的合约采购计划等；三、四级计划则是作业性的，由具体执行层自定，如图示的月工作计划、周工作计划等。但计划分级也不是绝对的，只是相对于工作分解程度不同及计划体现的控制作用不同而细分的。

## 二、计划影响分析

就以上构建的建设工程项目管理计划系统做一些分析如下。因涉及具体分析系统定位所考虑的因素，可以帮助理解影响系统构建的基础或角度。项目管理的基本定位是为业主提供专业的、综合的建设项目管理服务，其服务工作计划是源于管理要有明确的工作范围（一般业主以项目管理委托合同来约定管理工作范围）。首先是工作范围要牵涉项目干系人，其次是对应工作范围，项目管理必须组织相应资源投入（即指配置相应岗位工程师包括项目经理），最后要认识到工作范围要覆盖项目建设的全过程等。换句话说，也就是确定工作范围要有全方位、全面、全过程的理念，从而形成了一个系统概念进而决定项目管理计划的系统性。以下就从干系人、专业管理工作及项目建设过程三方面来分析相关建设管理计划系统。

### （一）从有关干系人角度分析

开展建设项目管理，最重要的干系人当然是业主（包括建设单位与使用单位，一般来说建设单位是直接业主，使用单位可以列为利益相关者）。干系人还包括更多的参建单位如设计、施工、供货、咨询等单位，还涉及政府建设行政主管部门（包括发改局、住建局，还有管理建设许可审批的消防、人防、环保、交通、城管等部门）。这些干系人围绕项目而形成建设相关方。管理工作计划应该是系统考虑这些影响管理工作的环节因素而编撰。应该说，所有参建单位都会自主编制其参建计划，政府部门则以规范建设程序、制约建设行为而形成影响管理计划的法定因素。关键是业主，它是项目管理的委托方，它直接决定项目管理工作范围，并最终要审定主要的管理工作计划。

笔者还主张将业主工作纳入管理工作计划中，管理公司是受业主委托来开展管理工作的，因此分析业主委托条件约束也是极其必要的。一般来说业主均注重资金控制，因此，资金计划由项目管理单位来为其编制是很合适的，以备业主按工程进展需求去提前筹备资金，确保工程顺利展开；其次，建设总进度计划又是所有项目干系人所关心的，也同时是业主最关心的。因此项目管理总控计划应结合业主关心的建设总进度计划而调整配套。

### （二）从专业分解管理角度分析

现阶段，建设工程项目管理基本上有其相对固定的服务内容与服务范围。一般都认为项目管理是全过程的建设管理服务与分阶段提供的专业咨询服务的有机组合，可以是一般性建设业主管理服务（“代建”），也可以是提供专业性的咨询服务的组合（如设计技术咨询、现场监理、造价咨询、招标代理或其他咨询等），还可以是两种服务的综合。针对社会不同需求，由业主选定。为此，项目管理工作计划的编撰立足于对工作范围、工作内容分解，如建设综合管理、招标采购管理、造价咨询、现场管理、其他服务等。为完成这些任务，项目管理公司应为此组建项目部，配备相应资源投入，包括以项目经理为主，下设各专业服务小组（或岗位工程师）如前期综合管理组、技术管理组、造价咨询组、合约管理组及现场管理组（或相关岗位工程师）等。

针对不同专业管理工作结合建设过程进行工作分解，编撰不同的专业或专项计划，这是必需的、实用的。如图所示，合约管理组要提前编制项目合约采购计划，技术管理组要编写设计管理计划，前期综合管理组要编制建设前期工作专项计划与后期竣工验收专项计划等。因此，这些计划也是对委托管理合同按专业服务工作内容进行的系统分解，也涉及管理机构组成及投入等。所有这些，都是计划系统应该考虑的因素。

### （三）从项目建设过程角度分析

项目最主要的特性之一是其任务的一次性，即建设过程是不可回往的。一般项目建设经历立项、可研、设计（方案设计、扩初设计、施工图设计）、总承包招标发包、施工（包括在总包施工期内同时组织的多项配套专项设计、专项发包招标、专项施工等）、竣工交验环节。项目管理编撰计划要考虑以上所述项目干系人的因素（如包括为业主编制资金使用计划），又要考虑所承担的具体管理工作内容进而分解编制专业管理工作计划，但其根本的核心计划应该是依据建设过程及特性而编制的项目管理总控计划。

项目管理总控计划是站在业主的角度上，将主要的建设进度目标反映出来，业主（包括投资人或使用单位）最关心的是项目什么时间完成并交付使用。管理总控计划是确立分阶段完成管理工作进度目标的标尺。所有的项目管理计划都是以管理总控计划为基础来细化编撰的。甚至是所有的干系人都必须关注管理总控计划，均以动态的管理总控计划为主线去编撰他们各自的参建工作计划（如施工单位进入现场后优化施工组织设计及编制施工计划都应依据项目管理总控计划）。

## 三、编撰实用管理计划

管理工作计划是针对项目而自成体系，编撰计划将由项目管理团队来具体完成。同类项目的管理计划也可能因为项目不同而有所差异，同一项目也可能因为不同的管理团队组合而采用不同管理计划表现形式。依笔者认识，管理公司对项目管理计划的编撰与审核要设立必要的编审程序，但实用的管理计划应该容许以不同形式来编制，以体现其特殊性、适用性。以下就B文体中心建设项目案例来展示建设过程中一些实用的项目管理计划表，如项目管理总控计划、专业性管理计划之合约采购计划、专项工作计划之总承包施工招标计划等。

### （一）项目概况

B文体中心项目主要包括多功能剧院、泳池、羽毛球馆、健身中心、图书阅览室、棋牌室、展览厅、书画培训室、管理用房等。主体为框架结构，涉及总图、建筑、结构、内装修、空调、给排水、电气、弱电、绿化等建设内容。

本项目建设单位委托项目管理公司实施项目管理（含监理）。建设期暂定3年，其中结构结顶工期为日历天。主要

系统编撰项目管理工作计划分工表　　表1

| 工作内容 | 计划名称 | 项目团队编审执行分工 | | | 公司或职能部门参与 | 备注 |
|---|---|---|---|---|---|---|
| | | 编撰人 | 审核人 | 执行人 | | |
| 投资控制 | 业主资金计划 | 合约工程师 | 项目经理 | 业主 | | |
| 管理总控 | 建设总进度计划 | 业主提出，管理公司编制 | | | | 一级计划 |
| | 管理总控制计划 | 项目经理主编、项目部成员参与 | 管理公司 | 项目部 | 公司总师室审查、备查 | |
| 专业性管理 | 合约采购计划 | 合约工程师 | 项目经理 | 相关工程师 | 公司的职能部室对应指导编撰或参与审查，如合约部经理指导项目合约工程师编撰合约采购计划 | 二级计划 |
| | 设计管理计划 | 设计管理工程师 | | | | |
| | 前期工作计划 | 前期工程师 | | | | |
| | 机电管理计划 | 机电工程师 | | | | |
| | 现场管理计划 | 现场工程师 | | | | |
| 分阶段管理 | 开工前管理工作计划、竣工专项验收计划、分年度管理工作计划 | 项目经理主编，有关工程师参与 | 项目经理 | 项目部 | 公司组织集中或专项检查 | 三级计划 |
| 专项计划 | 涉及合约管理如招标工作计划 | 合约工程师 | 项目经理 | 相关工程师 | 公司组织集中或专项检查 | 四级计划 |
| | 涉及设计管理如专项设计计划 | 设计管理工程师 | | | | |
| | 涉及现场管理如样板管理计划 | 现场工程师 | | | | |
| | 其他专项计划 | 相应工程师 | | | | |
| 序时计划 | 项目部季度、月度、周工作计划 | 项目经理或主要项目成员 | 项目经理 | 项目部 | 公司组织集中或专项检查 | 四级计划 |
| | 个人序时工作计划 | 个人自主完成，包括编撰、审查或执行 | | | | |

建设目标包括质量合格，安全合格且获市“标化”工地等。

### （二）项目管理服务内容

委托管理工作内容划分为以下五方面：

1. 设计管理服务

（1）督促设计单位落实解决设计中的问题。

（2）督促设计单位编制设计进度计划并对其进行审查。

（3）协助设计单位收集提供设计所需的有关资料和可选设备订购情况。

2. 造价咨询服务

（1）协助委托人审核设计概算、编制施工图预算和标底。

（2）按照概算指标分解各专项设计限额。

（3）根据建设进度及时提供投资控制信息，做好各阶段投资情况分析。

3. 施工招标管理服务

（1）就施工、材料及设备采购的招标方式、范围、评标办法向委托人提供建议。

（2）发布施工招标信息。

（3）编制各类招标文件。

4. 办理有关建设手续

（1）组织申报施工图审查，申请消防、人防、气象等报批，办理建设工程规划许可证。

（2）办理质监报批手续及建设工程施工许可证。

（3）落实开工前的各项现场准备工作。

5. 施工监理服务

（1）审查承包商与分包单位资质、项目组织机构、人员配备情况。

（2）编制施工进度控制计划。

（3）审查承包商施工组织设计和施工技术方案，提出修改意见。

### （三）管理计划编审分工情况

为提供优质的项目管理服务，管理公司精选专业人员组建项目部。以项目经理为核心，项目部成员包括前期工程师、合约工程师、设计管理工程师等。这些岗位工程师都是从职能部门中抽调的，他们同时在多个项目上提供专职服务，在本项目上他们服从项目经理领导，业务上受职能部室经理指导。项目经理属于公司直接管理，在项目上代表公司对业主负责。

项目部依据项目特点，在具体计划管理上事先筹划（包括计划系统分解、编撰、审核人员分工等）。

### （四）实用项目管理计划

（1）项目管理总控计划：项目管理总控计划由项目经理编撰，提交管理公司总师室审核，最后报业主确认，一般安排在扩初设计或施工图设计阶段进行。计划表式可以选择 Word 绘制的横道图示，也可以有其他选择（横道图示、Project mpp、网络计划）。编制依据是业主的建设总进度目标及扩初设计文件。编制计划的过程实际上也是依据扩初设计文件中表现的建设内容进而细化建设总进度目标的过程，也是就对业主所关注的总进度计划进行优化、细化的过程。

文体中心项目的管理总控计划在项目部编制后报经公司总师室审核后，审核意见主要有（1）管理总控计划反映建设进度控制总目标，后续专业性工作计划、阶段性工作计划应以此为基础及核心而细化编制；（2）在本计划中应该加注文字表述提示业主主要工作与时间节点；（3）计划应结合业主要求进行优化调整，宜同时向业主报送资金计划等。

（2）合约采购计划：合同管理是业主管理工作的重点，管理项目部设置专职合约工程师负责。合约采购计划属于专业性管理计划，由合约工程师负责编制，报经项目经理审核定稿，其编审一般安排在扩初后或施工图设计阶段进行。计划表式可以选择 Word 绘制的横道图示，也可以有其他选择。计划编制的依据是管理总控计划与扩初设计文件及当地的建设招投标规定。

合约采购计划有点类似于组织策划，因为建设项目是通过合同委托将其工程、材料、设备及服务发包给相关参建单位（包括咨询、设计、监理、施工、供货单位等）去实施的，业主也是通过合同规定来管理相关参建单位的。在编撰计划中要针对工程内容进行工作分解及确定合同包，要选择发包方式（如招投标或直接发包）、设定工作进度

B文体中心总承包施工招标工作计划 

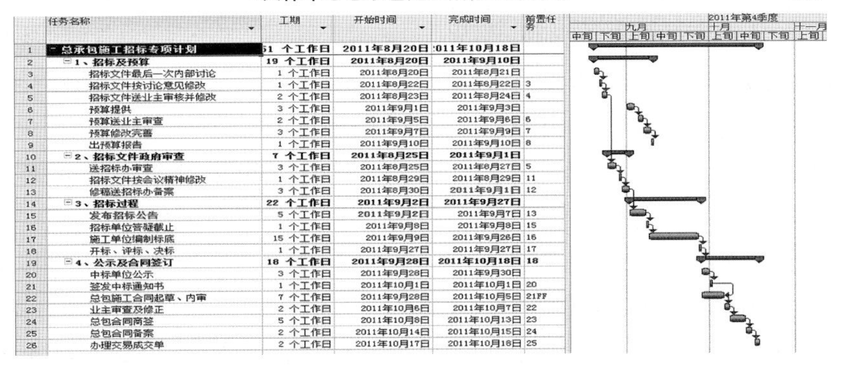

| | 任务名称 | 工期 | 开始时间 | 完成时间 | 前置任务 |
|---|---|---|---|---|---|
| 1 | 总承包施工招标专项计划 | 51 个工作日 | 2011年8月20日 | 011年10月18日 | |
| 2 | 1、招标及预算 | 19 个工作日 | 2011年8月20日 | 2011年9月10日 | |
| 3 | 招标文件最后一次内部讨论 | 1 个工作日 | 2011年8月20日 | 2011年8月21日 | |
| 4 | 招标文件按讨论意见修改 | 1 个工作日 | 2011年8月22日 | 2011年8月22日 | 3 |
| 5 | 招标文件送业主审核并修改 | 2 个工作日 | 2011年8月23日 | 2011年8月24日 | 4 |
| 6 | 预算提供 | 3 个工作日 | 2011年9月1日 | 2011年9月3日 | |
| 7 | 预算送业主审查 | 2 个工作日 | 2011年9月5日 | 2011年9月6日 | 6 |
| 8 | 预算修改完善 | 3 个工作日 | 2011年9月7日 | 2011年9月9日 | 7 |
| 9 | 出预算报告 | 1 个工作日 | 2011年9月10日 | 2011年9月10日 | 8 |
| 10 | 2、招标文件政府审查 | 7 个工作日 | 2011年8月25日 | 2011年9月1日 | |
| 11 | 送招标办审查 | 3 个工作日 | 2011年8月25日 | 2011年8月27日 | 5 |
| 12 | 招标文件按会议精神修改 | 1 个工作日 | 2011年8月29日 | 2011年8月29日 | 11 |
| 13 | 修稿送招标办备案 | 3 个工作日 | 2011年8月30日 | 2011年9月1日 | 12 |
| 14 | 3、招标过程 | 22 个工作日 | 2011年9月2日 | 2011年9月27日 | |
| 15 | 发布招标公告 | 5 个工作日 | 2011年9月2日 | 2011年9月7日 | 13 |
| 16 | 招标单位答疑截止 | 1 个工作日 | 2011年9月8日 | 2011年9月8日 | 15 |
| 17 | 施工单位编制标底 | 15 个工作日 | 2011年9月9日 | 2011年9月26日 | 16 |
| 18 | 开标、评标、决标 | 1 个工作日 | 2011年9月27日 | 2011年9月27日 | 17 |
| 19 | 4、公示及合同签订 | 18 个工作日 | 2011年9月28日 | 2011年10月18日 | 18 |
| 20 | 中标单位公示 | 3 个工作日 | 2011年9月28日 | 2011年9月30日 | |
| 21 | 签发中标通知书 | 1 个工作日 | 2011年10月1日 | 2011年10月1日 | 20 |
| 22 | 总包施工合同起草、内审 | 7 个工作日 | 2011年9月28日 | 2011年10月5日 | 21FF |
| 23 | 业主审查及修正 | 2 个工作日 | 2011年10月6日 | 2011年10月7日 | 22 |
| 24 | 总包合同商签 | 5 个工作日 | 2011年10月8日 | 2011年10月13日 | 23 |
| 25 | 总包合同备案 | 2 个工作日 | 2011年10月14日 | 2011年10月15日 | 24 |
| 26 | 办理交易成交单 | 2 个工作日 | 2011年10月17日 | 2011年10月18日 | 25 |

等。合同与采购是一项工作的两个方面，合约计划是采购工作依据，采购结果又是签订合同的依据。一般情况下对应采购工作还应单独编制项目招标计划（合约计划与招标计划可以选择分开编制，也可以合并编制）。B文体中心的合约计划及招标计划如下。

总承包施工招标计划：是项目中关键的专项招标计划，由合约工程师负责编撰，相关岗位工程师配合，成稿后提交项目经理审核，最终报经业主确认。专项计划属于具体的、执行性的工作计划，直接明确到每项具体工作，且按天进行工作进度控制。计划表式可选用Project mpp，也可以有其他选择。

## 四、计划系统认识与提高

结合以上分析可以基本了解项目管理计划系统的概念。对于管理计划由谁来编审，计划编制宜选用什么表式，甚至是在计划实施过程中如何动态管理与修订等一些实际问题本文不再进行深入讨论。而就以上所提出的计划系统在认识有所局限，宜扩展提高等问题进行关注。讨论这些问题将有利于在项目管理实践中再完善理念，提升计划管理水平。

### （一）以项目机构约束编审程序

按照项目管理委托合同，一般情况下管理公司会提前做好组织投入与资源配置工作，包括成立项目组，任命项目经理，指定各岗位工程师如合约管理、设计管理、前期管理、现场管理与机电管理等（有的工程师是适时投入的，而非全程服务，如现场工程师、机电工程师等）。项目部组建后，对应的计划工作可以分解到人头编撰，落实计划审查人或部门（如公司总师室主要审批项目管理总控计划）。管理公司还应出台综合规范项目管理计划编审要求等。而项目部则是计划编撰、审查及执行的实体部门，将完成所有的一、二、三级甚至四级计划的综合管理。公司的相关的职能部室经理也应关注项目管理计划，协助或指导岗位工程师编撰相关计划。

### （二）以夯实基础工作进而实践提高

首先，计划编撰基础工作应该夯实。项目部的相关成员尽量配备有一定的工作经验并知晓管理要点且熟练应用的工程师。一般来说由公司制订计划编审规范也是基本要求，如上所述由管理公司颁发制度明确项目部分工。在计划的表现形式上也要有所规范，一般小型项目上不提倡使用网络图，尽量使用横道图示简明表述。至于Project软件的运用，建议应用在专项方案计划中（以“天”来约束时间节点），如用在编撰阶段计划或编制总控制计划上，则宜以“周”或“旬”或“月”来表示时间间隔。在编制计划上，还要把握适当时机，一般情况下管理总控制计划选择在方案或扩初设计阶段编制；专项管理计划如项目招标计划则应该在扩初报审后编制；现场管理计划可以在施工总承包中标以后编制等。

其次，笔者建议项目管理经验共享，应该构建管理项目部内或项目部之间经验及资料共享平台，以求相互促进。如公司推行计划编制模板，对同类项目进行归并分类。宁波高专建设监理有限公司，承接过的项目有二十多个是政府安置房产建设项目，另外还有三个学校建设项目，还有办公楼、医院、银行营业大楼等。对于同类计划完全可以重复利用以往案例的资料，找到编撰计划“模板”作参考。对于新型项目，则需要项目部去创新，如在承接银行数据中心项目管理上，则要进行综合思考。总之，管理公司要注重经验积累，以备今后再续接同类项目业务引为借鉴。所以，计划编撰也算是一种借鉴经验做好积累与传承的“活”。做好共享，方便计划编撰，可节省人力、物力，又可提高效率等。

再次，在此值得一提的是项目部成员的相对固定问题。相对来说，当完成一个项目后，主要的几个岗位工程师会再与项目经理在其他项目上继续合作。管理公司这种情况很多，可能某一岗位工程师十几年中就只做过六至七个项目，有的项目上是项目经理，有的项

目上则担任岗位工程师以配合其他项目经理工作，甚至一直配合的项目经理也只限于一至二人。因此人员相对固定，在计划编撰中应该保持个人自我或项目部的特色。有的习惯于拉横道图，有的习惯使用网络软件甚至CAD绘图，一直坚持可保证效率提高或技巧熟练，也可以在同类项目或长期性的业主中得到认可。

### （三）充分重视动态修订管理计划

对于计划编撰，包括在执行过程中对计划的检查、调整、修订等。一是重视对计划执行情况的检查。公司对项目部进行定期考核检查，项目部对岗位工程师的工作定期检查与督促及计划执行者自检，都是很好的方式。二是关注上级计划与下级计划逻辑关系。在计划调整过程中相互配套，如管理总控计划与分年度管理工作计划宜同时调整修订。三是计划系统编撰，即要优化管理工作计划，更要强调重视对参建单位的计划管理，要通过对参建单位的计划执行情况实施监管从而使项目建设顺利开展，因此关注参建计划是计划管理控制的重中之重，项目管理计划有时还需要随参建单位的工作计划或实际情况而调整修订。

### （四）对计划系统核心定位的疑问

计划系统的核心是否有提升空间？应该说项目管理规划是管理公司的一类受控文件，可以考虑成为编撰计划的系统核心文件，而后再以一级、二级、三级计划来“绘制”项目管理计划系统框架。在此仅限于概念或者说是理念上的交流，因此不究其境。如同监理大纲、监理规划一样，项目管理规划、项目管理大纲的概念需要定位明确，它应该是包括项目概况、项目目标、项目范围及内容、项目人力资源投入、项目管理总控计划、项目管理措施与方法、项目风险分析等，但因建设工程的管理范围与管理内容复杂、历时长、风险不定等或者说对现阶段建设项目管理市场认识度不够，编制成熟的管理规划及管理大纲的案例也很少甚至没有。有的“描述性”的管理大纲也只是局限于应付承接业务时提交项目管理投标文件所必须的材料，以“技术标”形式而存在。因此上文所提供的系统框图是有局限性的，认识定位以项目管理总控计划作为计划系统的核心，现阶段还算是较符合管理市场所需。但是计划系统的核心定位是个疑问，建议有待提升。

### （五）落实项目管理计划的措施讨论

落实项目管理计划的措施，换个角度表述就是对支持性计划的管理控制，即从管理控制计划系统框图的第三层面（参建单位）的计划而取得实效。建设工程项目管理根本上就是通过组织参建设单位共同工作而完成项目目标的。因此，管理计划注重实效在于控制参建设单位按既定“计划”去实施、去工作才能为建设目标的顺利实现提供保障。如何管控参建设单位的计划呢？项目管理计划如何成为诸多参建设单位的计划的核心呢？这是值得深思的。

计划编撰系统要谈到措施落实。如通过合同、招标方法去约定参建设单位履约以保证计划执行，又如设计管理计划的根本基础是以编写各种设计任务书为基础，再如机电工程管理计划应直接以供货单位的供货方案、分期分批供货要求为目标，等等。而编制这些计划及采取这些措施都是专业性的。相对于一般性的建设业主管理计划是以前期工作计划为亮点，又是以更多政府审批部门为干系人，考虑审批工作程序为计划受控环节。

## 结论

综上所述，笔者基于实践计划管理“模式”，提出了有局限性的建设项目管理计划系统框架构思，结合案例介绍了一些计划表式内容及要求，期望与同行们在项目管理实践中继续探讨完善。

# 国际工程咨询监理过程中项目管理的几点体会

中国水利水电建设工程咨询西北公司　王碧

**摘　要：** 项目管理应特别重视计划管理。管理公司为业主提供项目管理服务，在工作过程中建立计划管理系统，以形成对计划综合管理控制（包括计划编撰、执行、检查及调整等）是非常必要的。编撰计划及了解计划管理系统，有助于项目管理团队成员（自项目经理至各岗位工程师）提高基础技能及工作效率。本文结合项目管理实践，提出对项目管理计划系统与编撰的点滴分析，并以案例来表述实用管理计划表式及内容，思考对规范计划编撰及有关计划系统完善或扩展中存在的问题，旨在抛砖引玉，引发同行们更多有益探讨，以期推广实用项目管理计划编撰规范化。

**关键词：** 计划系统　管理公司　监理　合约采购计划　Project软件　编撰

## 前言

自 1988 年我国实行工程监理制度起，水电工程建设监理界也跟全国其他行业一样，按照国家行业监理规定，以施工阶段的工程监理为基础，在做好本职监理工作的同时，也积极学习国际型工程公司和工程咨询设计公司的先进监理管理经验，不断探讨有效的工程监理项目管理的方法及手段，同时也学会掌握国际上先进的项目管理方法。开展水电工程监理 30 余年来，通过不断努力，水电监理行业已经形成了专业化、市场化和规范化的良好势态，为我国水电工程建设目标的顺利实现、保证工程质量起到了重要的保障作用。近年来，在国家实行“一带一路”、企业加强转型升级、实施“走出去”等这样的新形势之下，众多工程监理企业在内部进行了科学的资源整合，包括调整组织管理体系、人才结构、服务方法和手段，从水电工程项目管理的不同阶段和不同层次积极参与工程项目管理实践，积极拓展服务功能，尤其是积极向国际咨询监理市场、EPC 总承包项目管理、工程总承包项目管理等方面开拓，取得了良好的业绩。

现就本人参加过的 2 个有代表性的水电站工程咨询、监理的项目管理过程中所取得的一些经验，浅谈国际水电工程咨询监理项目管理的几点体会，供监理界同行们参考、借鉴，并希望得到同行们的指教。

## 两个境外水电站工程咨询、监理过程的项目管理

1. 柬埔寨甘再水电站工程

1）项目简介

2006 年 7 月，经过投标角逐，中国水利水电建设工程咨询西北公司（以下简称西北公司）中标柬埔寨甘再（KamChay）水电站 BOT 项目工程管理标，为西北公司真正接轨国际水电咨询监理市场迈出了重要的一步。甘再水电

站项目管理是在投资方（以下简称业主）的委托和授权下，由西北公司对整个工程项目的监理、设计及施工管理等提供全面的、全过程的建设管理服务，其管理业务与国内传统的施工监理相比有了很大的拓展。

甘再水电站项目以BOT（建设－运营－移交）方式进行投资开发，电站主要任务是发电，枢纽建筑物包括碾压混凝土重力坝，坝高115m，长约4.1km及洞径8m的引水隧洞，调压井，地面厂房（1大2小），开关站，以及场内永久交通道路、桥梁等，电站总装机194mW，工程静态总投资3.8亿美元，特许运营期为44年，其中施工期4年，商业运行期40年。特许运营期届满后，项目设施将无偿转让给柬埔寨。为保证电站的正常建设和投资效益，业主与柬埔寨政府就甘再水电站BOT项目签订了项目实施协议（IMPLEMENTATION AGREEMENT）和土地租赁协议（LAND LEASING AGREEMENT），与柬埔寨国家电力公司签订了购电协议（POWER PURCHASE AGREEMENT）。上述三个协议统称为项目“主合同”。2006年4月8日，甘再项目启动仪式在柬埔寨总理府举行，中国国家总理温家宝与柬埔寨王国政府首相洪森共同出席并为甘再项目启动揭幕。

2）BOT项目管理的服务范围

管理合同规定了在业主已选定设计、施工、主要设备供货商的情况下，对该BOT项目管理的服务范围如下：

（1）项目初期阶段：协助业主进行重要设计阶段（如基本设计）的设计审查和组织日常的专题评审；协助业主审核、选择设备、材料、金属结构等的规格和数量；协助业主检查、落实开工前的施工准备工作（如征地、风、水、电、交通道路、图纸供应、各种政府批文等）；根据业主需要参与设计合同、施工合同和设备供货合同的谈判；对项目风险进行分析管理，并向业主提出减少、分散、转移、承担项目风险的建议等。

（2）项目施工阶段：对承包商承担的全部工程施工进行全过程施工管理；对设计单位的设计工作进行设计管理，尤其是对现场施工图纸的审核和供图计划的管理；承担工程施工过程中咨询管理工作；进行工程项目风险管理；对到达现场的机电设备及金属结构进行检查和监督；审查现场试验计划和要求以及试验标准，并见证试验过程，必要时自行安排或重新安排试验或校验；沟通与协调参建各方的关系，并配合业主对柬方的协调和汇报。

（3）项目尾工阶段：组织单元、分部工程验收，配合业主进行单位工程验收；协助业主进行工程竣工验收；提出电站试运行的要求和报告，协助业主进行电站测试和试运行；协助业主组织资料验收和移交；协助业主进行费用决算和审核；参与项目后评价。

3）工程项目实施过程中的管理模式

（1）合同管理模式

根据管理合同规定的项目管理任务，实际上是除承担传统监理服务工作外，在业主授权下，承担部分原由业主承担的一些项目管理工作，在不影响业主对重大问题（如投资变更、工期变更、重大设计变更、关键设备变更等）的决策前提下，做好项目管理工作，尽量减少业主在现场的管理工作量和人员投入。在工程建设管理模式上，甘再工程基本上采用了BOT下类似于EPC的管理模式，但由于授予管理方的职权范围比国内监理业务范围要大得多，所以基本形成了以下的日常管理模式，如图1。

在工地现场，业主只负责后勤事务、对外协调、合同支付、财务管理、聘请专家等工作，其他事务均由管理方组建的现场工程管理部完成。在图中，设备

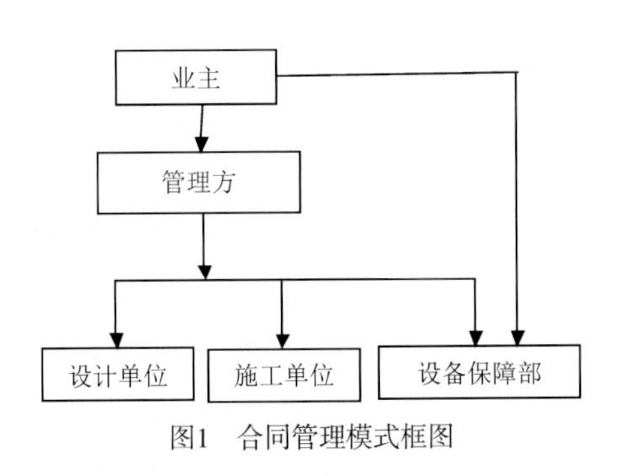


图1 合同管理模式框图

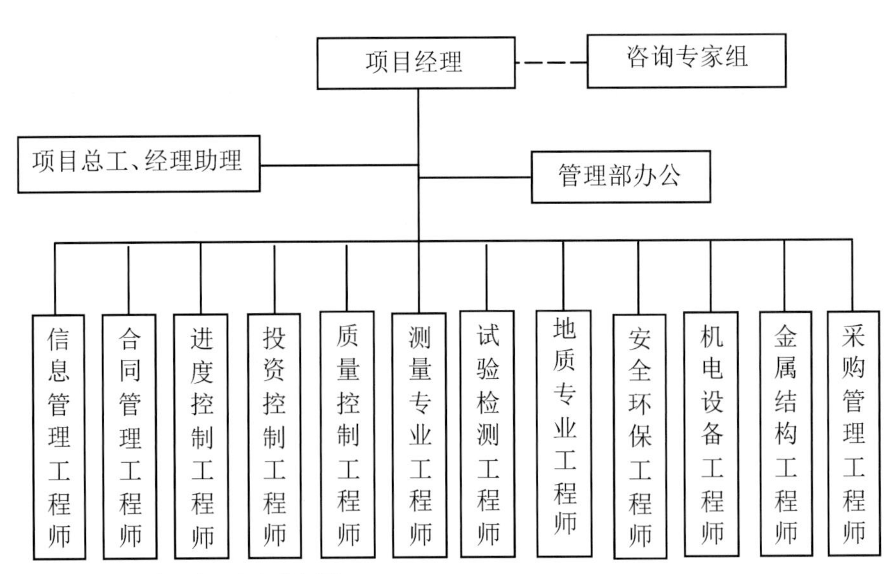


图2 工程管理部现场组织机构框图

保障部为业主在国内的一个部门，管理方也在国内指定了专门人员与设备保障部沟通协调，以便做好设备采购的沟通、协调、管理工作。

（2）工程管理部现场管理模式

根据上面的合同管理模式框图，经与业主充分协商，结合现场实际情况，采用了图2的项目管理模式。

采用图2的组织机构框图主要基于几点：

a. 设计单位、承包商在国内均为甲级资质单位，质量体系健全，具有丰富的设计经验和施工水平高、施工经验丰富、施工管理规范。

b. 西北公司咨询、监理、管理和技术等经验丰富，管理制度齐全，操作规范。同时，项目经理具有丰富的设计、施工、监理管理经验，综合素质较高，并有西北公司咨询专家组的支持。

c. 除办公室外，工程管理部下面不设置具体部门，只配备专业监理工程师，直接对项目经理负责。由于在国外搞BOT项目，西北公司对此十分重视，配备了经验丰富、素质高、能独当一面的各专业管理工程师。

4）监理业务范围的拓宽

从以上两个图中可以看到，甘再项目管理工作过程中，业主仅具体负责项目融资、外部协调、国内设备的采购订货等方面工作，现场的管理和技术工作几乎全部由工程管理部完成。与国内常规监理任务对比，甘再监理业务方面主要有以下几个拓宽：

（1）设计管理。这项工作贯穿于工程建设各个阶段中，除了负责常规的核查设计图纸、审查供图计划等工作外，更主要的是作为业主代表，要根据工程具体进展情况，及时发现和收集出现的重要或重大设计问题，及时或定期组织有关方面专家，召开设计专题讨论会和审查会予以研究解决。

（2）技术管理。甘再工程实行与国际工程接轨的由设计单位出设计指导图、承包商完成施工车间图、工程管理部审查施工车间图的惯例做法，所有用于现场施工的车间图纸，必须经过工程管理部的审查。因此，除了负责施工过程中组织有关各方及时讨论、研究解决施工技术、施工方案及工艺、施工进度等技术问题外，工程管理部的主要专业负责工程师还要用大量的时间来核查施工设计图纸、审查承包商提交的施工车间图纸等。此外，工程管理部还负责了工程施工咨询管理、工程材料比选调查及材料试验工作的牵头、组织审查、批准等工作。

（3）工程验收。代表业主及时组织有关各方进行工程建设各阶段的验收工作。

（4）工程采购管理。主要负责组织审查由设计单位提交的采购招标文件、设备清单和承包商提交的设备及材料的采购计划等，还负责组织召开有关各方的设备及材料的采购协调会，协调采购过程中出现的各种问题。

（5）工程风险管理。建立风险管理台账，及时研究、分析、预见施工过程中可能存在的各种风险，及时形成风险调查及评估报告，上报业主决策。

2. 尼泊尔上崔树里3A水电站工程

1）项目简介

2010年4月，中国水电顾问集团西北勘测设计研究院（以下简称西北勘测院）参加了尼泊尔电力局（以下简称业主）组织的尼泊尔上崔树里3A水电工程施工咨询监理的国际招标，经过投标竞争和预授予协商会议，业主接受了西北勘测院的征求建议书并发出了中标函，西北勘测院有幸中标。上崔树里3A水电工程为业主通过中国进出口银行优惠贷款的严格按照国际FIDIC条款执行的设计采购施工（EPC）交钥匙工程施工项目。电站主要任务是发电，电站枢纽建筑物主要包括渠首、引水渠、前池及沉砂池、电站进水口、交通洞、调压井，以及长4.1km及洞径为5.4m的地下引水隧洞、地下厂房、开关站、220kV输电线路等，电站总装机容量为60mW。根据合同规定，西北勘测院及时组建了现场咨询监理机构——尼泊尔上崔树里3A水电工程咨询监理部（以下简称咨询监理部），及时组织人员进场开始咨询监理工作。

2）咨询监理主要服务内容

根据咨询监理合同，咨询监理主要服务内容由以下几方面：

（1）咨询服务

咨询服务的目的是为了确保能够按照规范、适用环保标准以及业主的规定要求，在确保进度和预算的前提下，采用高标准的工艺和材料进行本项目的施工。

咨询服务总体的工作范围包括：审查EPC承包商的项目设计（设计文件及图纸）和现场施工的所有资料；检查现场施工材料；审查承包商提交的竣工报表和证明文件（工程进度）；在合同管理上协助业主；协助业主处理承包商索赔；参与试验（厂内试验/现场试验），并确认试验结果；对所有土建工程、机电设备、液压机械设备和包括变电站在内的220kV输电线的设计、安装、测试和试车进行施工监理；确保适当环保活动，包括发电和输电线环境影响评估（EIA）报告批准的工作；确保承包商编制和提交的“竣工图纸”的正确性，包括编制项目所需的操作和维护手册；在工程竣工之后，咨询机构应向业主提交竣工报告。就上面总体工作范围，及时向业主提出咨询监理方的意见及建议。

（2）EPC承包商图纸及文件的审批

工作范围包括研究目前供承包商参考的详细项目报告、批准承包商提交的设计和施工图纸、项目施工期间针对施工图纸提出修改或否决建议。在检查和审核承包商提交的图纸和技术文件后，及时向业主反馈相应的评估意见。负责协调解决设计文件及图纸中存在的歧义、偏差或错误。

（3）施工监理和合同管理服务

全过程、全面负责EPC施工合同的合同管理和施工监理，并执行施工监理的全部工作。主要监理工作包括但不限于以下内容：代表业主，为承包商的

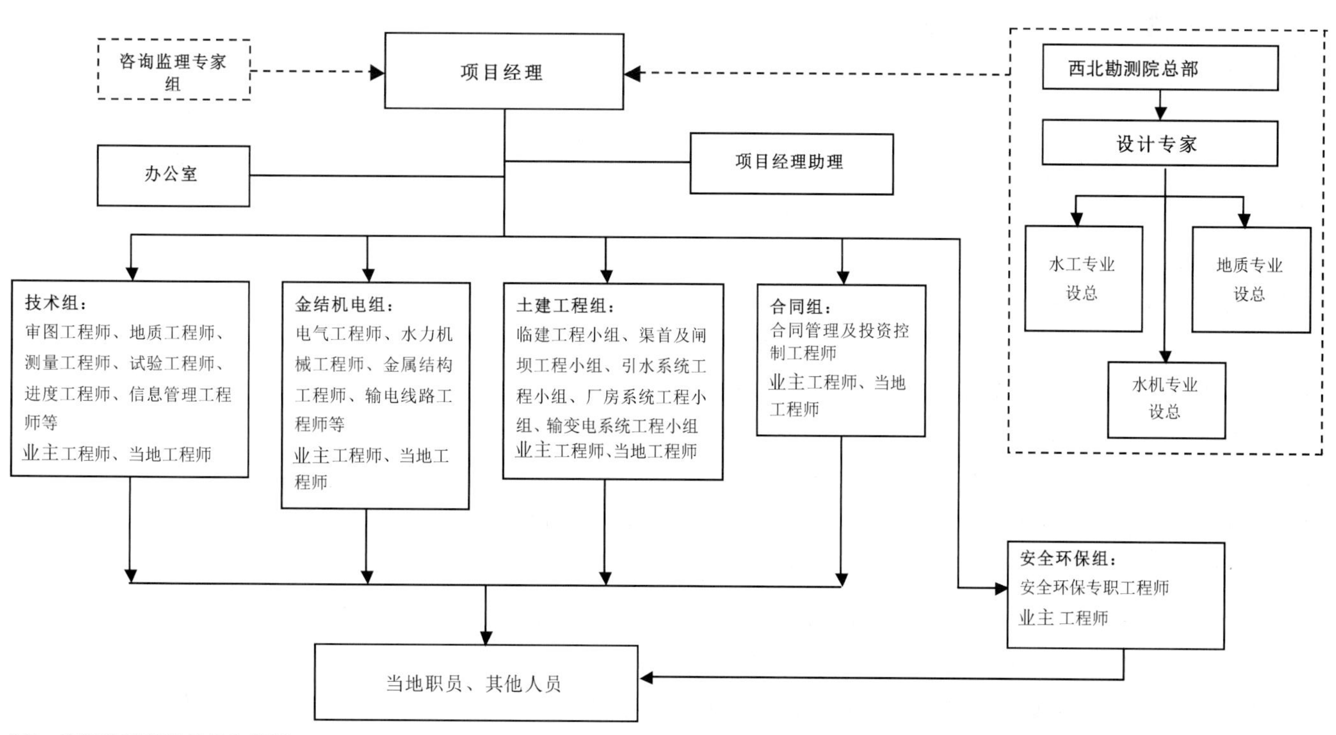


图3　咨询监理部组织机构框图

施工创造便利条件；按照设计要求检查施工程序和进度；现场解决设计问题，并向承包商提出指示；协助业主处理承包商的送审资料；贯彻执行业主制定的质量管理制度；根据合同规定，检查并证实承包商提交的月报表；与业主商议之后签发移交证书；与业主商议之后签发缺陷责任书；协助业主签发最终付款证书；与施工和项目管理相关的其他工作，包括审核竣工要求的承包商的工程、设备、生产设备、材料的计划；按照商定的格式提交月进度报告和季度进度报告；审批承包商的全面环境保护计划，包括监督施工进度。

3）咨询监理实施过程中的管理模式

（1）咨询监理机构的组建

按照项目咨询监理合同中的授权，为便于管理、目标明确和责任明确，西北勘测院分别组建了现场咨询监理部、西北勘测院总部设计专家组和咨询监理专家组。西北勘测院总部设计专家组主要负责对工程重要设计方案及图纸的审查工作；咨询监理专家组由西北勘测院的咨询、设计、监理等方面的资深专家组成，主要负责及时对实施过程中出现的重大及主要咨询监理问题进行检查、督导。现场咨询监理部以项目经理（Team Leader）为代表，带领项目经理助理、西北勘测院各专业工程师、业主派遣工程师和当地雇员，共同组成一个与工程项目相适应的、专业齐全的项目咨询监理机构。实施过程中，要求咨询监理部要定期、不定期将现场设计情况、工程施工进展情况、施工过程存在问题等及时向西北勘测院和业主报告，确实做到急工程之所急，为业主服务、为工程服务。

咨询监理部的组织机构框图见图3。

（2）咨询监理部内部分工

现场咨询监理部内部实行项目经理负责制，在西北勘测院设计专家组、咨询监理专家组的指导和支持下，代表西北勘测院全面负责本工程项目咨询监理工作。在机构设置上，按照工作分解结构、人员组成和现场实际情况，设置了“一室五组”的机构形式，即对外设置负责如收发文等日常办公事务的办公室；设置了技术组、土建工程组、金结及机电组、安全环保组、合同组，每组均明确具体责任人。

根据项目分解工作结构，工程组内部又分为5个现场组，主要有临建工程小组、渠首及闸坝工程小组、引水系统工程小组、厂房系统工程小组、输变电系统工程小组等。这些现场小组主要面对现场开展工作，内外业相结合，全过程进行安全、质量、进度、环保水保的控制和现场协调等工作，以及协助合同及造价管理等。

（3）咨询监理机构的管理模式

根据现场咨询监理部的机构组织框图，咨询监理部在业主领导下按照合同赋予的职责开展工作，实施过程中，同时接受西北勘测院设计专家组、咨询监理专家组的指导和支持。实际上，西北勘测院设计专家组还承担着重大及主要设计方案的审查，在此基础上，现场咨询监理部对施工详图进行审查，提出具体审查意见给业主最终批准。因此，现场咨询监理部与业主、西北勘测院的关系是接受管理、领导和支持的关系，与咨询监理专家组是接受技术支持的关系，同时还担负着重要的汇报、协调的任务。作为代表西北勘测院派驻现场开展咨询监理工作的具体实施机构，这样的组织关系决定了咨询监理管理模式既有纵向的接受管理、领导和协调关系，也有横向的接受技术支持和协调关系，完全符合咨询监理的合同管理要求，并体现了国际工程咨询监理合同管理的机构权威、团队作用发挥的特点。

# 结合项目管理，提升BIM应用价值——佛山市妇女儿童医院项目BIM应用实践

广州宏达工程顾问有限公司　练伟标　张伟萌　张继

**摘　要：** 项目管理单位的综合业务能力和组织协调能力，是BIM技术价值得到充分利用的重要基础；将项目管理与BIM技术结合，在项目前期对BIM实施进行前置管理，规范BIM实施标准和范围，能充分发挥BIM应用价值。

**关键词：** BIM技术　代建管理　BIM实施管理

随着BIM技术在国内的推广应用，BIM技术对于建设项目的价值已经得到了参建各方的一致肯定，但是在项目建设中，BIM实施往往存在不同的身份，设计单位、施工单位、BIM单位或项目管理单位，不同角色对于BIM的关注点都不一样，对BIM价值的发挥也存在差异。本文主要结合佛山市妇女儿童医院项目（下文统一简称“佛妇项目”）的实践经验，阐述宏达公司在项目设计阶段，利用项目管理的优势，提升BIM技术应用价值的探索。

## 一、项目概况

佛山市妇女儿童医院，位于佛山新城中德服务区，总建筑面积为19万$m^2$，建设规模1000床，停车位1300个。主要有医疗综合体楼（包括妇女儿童保健中心及行政科教楼、门诊楼、病房楼、医技楼和突发卫生公共中心）、后勤楼（包括锅炉房、液氧站、污水处理站）、地下建筑（包括地下停车场及设备用房）和门卫室。

医院将体现德国元素，不仅建筑风格会体现德国医院建筑的风格，在医疗质量和医疗管理方面也将成为全省首家经过“德国医疗质量标准”KTQ认证的医院。

## 二、BIM应用背景

由于医疗工程项目具有功能流线复杂、涉及多专业的设计协同和多工种外延配合的特点，从项目方案设计直到建成以及最后投入使用，各阶段都需要综合的设计控制和解决方案，并且随着项目的不断进展，建筑信息的量还会持续地增加。为了对设计进度及质量更好地

管控，业主在项目已开展建设实施后，提出引入BIM技术试点，利用BIM技术，提高设计质量。而对于BIM技术要如何应用到工程建设各阶段、BIM实施应该如何去管理和规范，业主也缺乏相关的管理经验和认识。因此，宏达凭借多年积累下来的丰富的项目管理经验和系统性的技术资源，在集团BIM技术应用中心的技术支持下，作为代建管理方对项目的BIM管理进行了实践和探索。

## 三、BIM管理思路

一个项目确定要实施BIM，首先要明确目标，希望BIM为项目实现什么，佛妇引进BIM的目标明确：提高设计质量，从源头控制工程建设质量。那么BIM实施怎么做？对应的管理体系和评价标准是什么？在实际项目中，BIM实施往往存在不同的身份，设计单位、施工单位、BIM单位，尽管如此，BIM实施应该在一个规则下进行，遵循同一个项目管理理念和评价体系，使参建各方形成统一言语，统一行动。宏达从项目管理层面上，通过提出BIM实施管理要求，对BIM实施的范围、阶段成果进度、项目重要控制区域都做了规范化和具体化，使BIM成果能更好地糅合成项目各参与方的共同语言，也为业主掌握和应用BIM，发挥其真正的价值打下了基础。

作为项目代建管理单位，在各个阶段，我们对于BIM的关注点不一样，在目前条件不成熟的情况下，设计阶段监理人员重点关注设计师和BIM工程师如何很好互动，保证二维图纸和模型数据的一致性。因此，在设计和BIM实施相对分离的情况下，真正让BIM的价值体现在设计成果中，基于BIM的协调沟通就变得非常重要。在佛妇项目设计阶段，我们通过组织设计单位和BIM实施单位举行BIM专项协调会议，围绕BIM模型，对BIM应用中发现的设计问题进行复核，现场研究解决方案。

## 四、BIM实施管理

佛妇项目BIM试点范围为地下室负一层，实践内容包括：①初步设计阶段、施工图设计阶段分别建立建筑信息模型；②基本BIM技术，对设计图纸进行全面的复核，指出设计图纸上错漏缺省的问题；③对全专业设计进行规范碰撞检查，指出设计中存在的硬碰撞、设计隐患等问题；④对地下室各区域净空进行合理分析，提出空间设计不合理的情况和优化建议；⑤对地下室设备管线进行综合排布，形成可以作为指导施工使用的综合管线剖面图等。

基于BIM实施内容，我们对BIM实施提出管理意见。主要针对建筑信息模型搭建标准、模型及应用报告等成果的交付标准、审查标准以及佛妇项目关键区域BIM应用控制要点等几个方面，要求BIM实施方为项目建设阶段提供相应的、有效的BIM技术支撑文件。其中，因地下室负一层主要为车库和设备用房，大型设备集中，管线排布复杂，我们认为有必要对部分区域进行重点把控，通过对负一层各区域功能流线的分析，共提出了25个关键控制区域，要求BIM实施方在管线综合排布时重点关注这些区域，确保各专业有合理的安装空间，同时满足净空设计要求。

通过对BIM实施进行前置管理，BIM技术的价值在设计阶段已经得到了充分的体现。初步设计阶段，共提出图纸问题11项、综合碰撞8处；施工图阶段，提出图纸问题4项、综合碰撞2处。通过多次组织BIM专项协调会议，对BIM实施发现的错漏碰缺或净空不足等问题，现场研讨解决方案，提高了设计质量。

## 五、总结

通过佛妇项目在设计阶段的BIM应用实践，站在代建管理的角度，我们有以下几点体会：

1. 作为项目管理单位，具有综合的业务能力和协调工程各阶段各角色的能力，这是BIM技术价值得到充分利用的重要基础，同时其丰富的项目管理经验和技术能力也有助于BIM技术的有效利用。

2. 作为项目管理单位，必须具有专业的BIM技术能力对BIM实施进行前置管理，明确BIM实施管理要求，对BIM实施的标准、范围、阶段进度成果和项目重要控制区域都做规范化和具体化要求。

可以说，在设计阶段的BIM应用，不管是业主还是我们代建管理单位，都已经感受到了BIM技术的价值，因此，接下来我们也会在佛妇项目中继续探索BIM技术在施工阶段的应用。

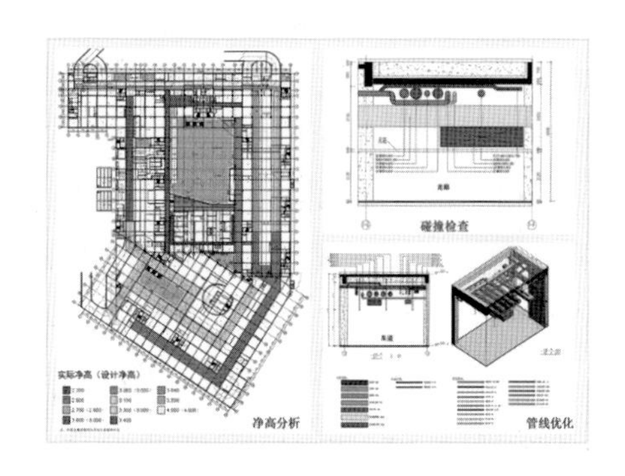

# 监理公司工程项目管理实践

陕西中建西北工程监理有限责任公司　张波
※本文所举项目以“C”代称。

**摘　要：** 监理公司在进度、质量、安全、投资专业监理知识控制方面，提升到工程项目全面管理的实践应用。

**关键词：** 工程项目监理/管理一体化　主动管理　设计协调　质量管控　进度管控　安全管控　投资管控

工程建设是一个涉及百年大计，关系到人民生活环境和使用安全的，项目任务艰巨、工作程序烦琐、系统复杂、涉及范围广泛、专业性很强的一项工作过程，没有一个系统性体系纲领来指导，项目建设的过程就会杂乱无章、秩序混乱，整个的建设过程将会陷入一个充满纠纷、遇事相互推诿的恶性循环工作中，严重时，各参建方的工作将会进入僵化和敌对状态，非常不利于项目建设和预期的建设期望目标。将专业监理知识通过扩大服务理念、范畴上升到项目全面监管过程的管理中，上述不利于工程建设的管理弊端就会提前得到有效的控制和预防，为建设单位高效地实现“保质、保量、保进度、保资完工”，实现通过项目管理达到无安全事故发生、优化节省投资，各参建单位共同愉快合作、配合默契、互利共赢的良好企业声誉和社会效益。

## 管理模式与策略

1. 项目概况

参建单位：建设单位、设计单位、管理/监理一体化单位、总承包单位、分包单位（共14家，其中甲方指定分包9家）。

工程项目：西安市C酒店（图1）

工程规模：总建筑面积45830.20m²，其中地下室占8400m²，共12栋单体中式简约仿古建筑，框架结构。

图1　项目鸟瞰图

建设周期：334 日历天（含施工图设计工期）

2. 项目管理 / 监理的总体策略

受建设单位书面委托，我监理公司对该工程项目进行管理 / 监理一体化建设过程管理，管理的内容包含工程设计进度协调、总分包单位协调、投资控制、开工至竣工交钥匙全过程管理 / 监理。

针对该项目工期短、设计任务紧，工程结构、造型复杂，参建单位繁多等特点，公司立即抽调具有丰富管理经验的人员组建了项目管理部，分别从进度、质量、安全、投资、协调方面为该建设单位量身定做了一套切实可行的管理方案 。

本项目所有的参建责任主体单位在项目建设实施前，由建设单位按照政策及法定程序确定完成，项目由于投资建设需要，整个建设周期非常短暂，十多个参建单位共同融入项目后，每天的工作任务也将非常匆忙和紧张。因此，在这样的环境与条件下，科学、合理地安排好每一个参建单位的施工阶段、过程中的相互配合交叉作业，工作矛盾的协调，整体进度的实施与控制是本项目全面管理的重点工作，统筹制定好一套管理策划方案是做好整个建设项目的关键。

（1）设置科学的管理机构（图 2）

本项目管理实行一司两部模式管理（即：一个公司两个部门）；管理机构设置以工程管理部为责任部门，下设工程监理部，工程管理部设一名项目管理经理，一名总监理工程师，多名专业项目管理工程师，多名专业监理工程师、监理员及一名安全专业监理工程师。

整个项目以工程管理项目部为总指挥，调动监理部和总承包将施工单位，以总承包施工单位为施工龙头，带动各分包单位进行施工，所有分包单位统归总包单位管理，由项目经理统一调动施工，当调动管理没有明显效果时由项目管理部介入进行总分包单位平行管理、指挥调动，从而实现整体目标。整个建设过程中，由建设单位负责办理相关政府方面的手续，设计单位负责按时完成图纸设计、审查及政府备案，监理部总监负责施工质量、安全和文明施工方面监督管理；项目管理部负责管理施工进度、投资控制等管理协调工作。

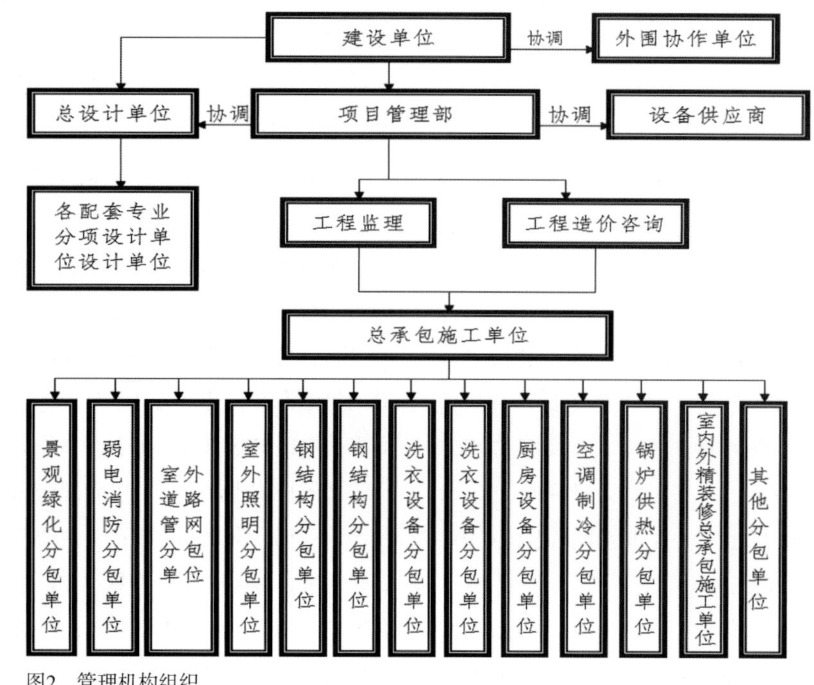

图2　管理机构组织

项目管理部设置一名项目经理指挥管理整个建设项目，调动整个管理部和监理部，在工作职责上，管理部主要实施内外协调、进度深化分解、项目多方管理手册制定、施工进度跟踪督办、施工任务分解、各单位交叉施工、监管总分包垂直管理和平行管理等管理范畴的工作；监理部主要实施施工进度的监督落实、工程施工质量的检查验收、安全与文明施工的检查与验收、工程进度款与结算款的初步审核等《监理规范》明确的监理工作。

（2）制定多方现场管理手册（详细内容在本文省略）

各参建单位在实施施工过程中，通常都是以自身单位的文化、思路及利益进行工作，很难作到顾全大局、相互帮助、相互理解、相互督促，也就会导致“群龙无首”的局面，继而就会蔓延成各地为阵，相互交叉配合的工作因无人统筹协调，工程的实际施工进度就会硬生生地滞后，总的建设工期目标也就眼睁睁无从实现。

在这种情况下，就需要发挥项目管理部的管理职能，提前根据各参建单位的合同，将合同中明确的各自职责、质量安全条款、经济费用条款、共同遵守的综合管理制度和办法、奖罚激励措施、量化检查考核办法等内容系统性、综合

NORTH-WEST ENGINEERING SUPERVISION & MANAGEMENT CO.LTD OF SHAANXI CHINA

**********************酒 店 项 目

一期A、B、C区

**现场多方管理手册**

建设单位：**********************************

工程管理/监理：陕西中建西北工程监理有限责任公司

总承包单位：陕建集团第一建筑工程有限公司

2012年2月1日

严格管理，诚心服务，建精品工程，树管理品牌！

**会 签 栏**

| 工程名称 | ********酒店项目一期 | |
|---|---|---|
| 建设单位 | ***********************公司 | |
| 工程地点 | 西安市*************县 | |
| 建筑面积 | 45830.20 ㎡ | |
| 结构形式 | 框架结构 | |
| 总 造 价 | 约2.5亿元 | |
| 管理/监理单位 | 陕西中建西北工程监理有限责任公司 | |
| 编制依据 | *****************公司提供的骊观风情大观园酒店项目设计方案图，公司质量管理文件及有关制度、国家有关技术规范、标准。 | |
| 会 签 | | |
| 建设单位：（签章） | ***********************公司 | 签字： |
| 工程管理单位：（签章） | 陕西中建西北工程监理有限责任公司 | 签字： |
| 总承包施工单位：（签章） | 陕建集团第一建筑工程有限公司 | 签字： |
| 日 期 | 2012年2月1日 | |

图3

陕西中建西北工程监理有限责任公司
NORTH-WEST ENGINEERING SUPERVISION & MANAGEMENT CO.LTD OF SHAANXI CHINA

**************酒店项目建设期5月份工作计划跟踪完成表

编制：管理/监理公司

| 月度 | 工作内容 | 责任单位 | 配合单位 | 计划 | | 实际开始/完成时间 | 原因 | 滞后项目督办完成时间 | 控制状态 |
|---|---|---|---|---|---|---|---|---|---|
| | | | | 开始时间 | 完成时间 | | | | |
| 5 | 1、室外总体设计 | 西北院 | 业主办 | | 5月15日 | | 设计院 | **6月5日** | 受控 |
| | 2、完成项目管理单位招标发标 | 招标公司 | 业主办 | | 5月10日 | | 程序未完善 | **6月5日** | 受控 |
| | 3、完成设计单位招标发标 | 招标公司 | 业主办 | | 5月30日 | | 程序未完善 | **6月10日** | 受控 |
| | 4、餐饮楼砌体及粉刷 | 施工单位 | 管理公司 | 5月30日 | | 5月30日 | | | 受控 |
| | 5、配套服务用房±0.000 | 施工单位 | 管理公司 | | 5月5日 | 5月5日 | | | 受控 |
| | 6、大小vip客房基础 | 施工单位 | 管理公司 | | 5月20日 | 5月20日 | | | 受控 |
| | 7、商业用房开挖 | 施工单位 | 管理公司 | | 5月15日 | | 工序交叉影响 | **6月15日** | 受控 |
| | 8、商业用房基础工程 | 施工单位 | 管理公司 | | 5月30日 | | | **6月30日** | 受控 |
| | 9、餐饮楼、酒店、大小vip客房、运动馆装修方案初稿 | 装修单位 | 业主办 | | 5月10日 | 5月30日 | 程序未完善 | | 受控 |
| | 10、餐饮楼、酒店、大小vip客房、运动馆装修施工图 | 装修单位 | 业主办 | | 5月20日 | | | **6月10日** | 受控 |
| | 11、室外背景音乐设计方案 | 室外音响 | 业主、管理 | | 5月30日 | | | **6月15日** | 受控 |
| | 12、室外园林绿化设计方案 | 绿化单位 | 业主、管理 | | 5月30日 | | | **6月15日** | 受控 |

图4

性的按照法律法规规定的逻辑程序科学地结合起来，形成一套综合性的《项目多方现场管理手册》（图3），各责任主体单位授权的责任人签字共同遵守实施，确保了整个建设项目的各种工作能有依有据施工、工作层次能更清晰突出、逻辑关系能更加分明可见，现场施工按照预定目标方向发展。

（3）制定《工程管理规划》、《工程监理规划》、《工程管理实施细则》、《工程监理实施细则》

制定完善《现场多方管理手册》管理体系后，根据设计施工图纸、管理规范和监理规范，分别由项目管理部和项目监理部分别编制详细的《管理规划》、《监理规划》、《管理实施细则》、《监理实施细则》，必须要着重体现出以下内容，目的就是为了保证对现场施工的每一项细小的工程环节，都能有相对应的管控、监理措施，确保在工程质量、安全方面必须满足设计要求和国家规范的规定。

●《管理规划》、《工程管理实施细则》：二者为从属关系，前者指导后者，后者依靠前者为依据。

A：明确的项目范围目标管理（质量、进度、安全、投资），具有可操作性；

B：分析出项目环境和条件；

C：收集到项目有关资料和信息；

D：明确项目管理的内容、机构和职责；

E：编制详细项目目标计划（图4）；

F：有针对性的项目信息管理、沟通管理、风险管理、收尾管理；

G：在细则中体现针对质量、进度、安全、投资、风险、沟通、信息方面的实施计划。

●《监理规划》、《工程监理实施细则》：二者也为从属关系，前者指导后者，后者依靠前者为依据。

A：结合工程实际情况，明确项目监理机构的工作目标，确定具体的监理工作制度、内容、程序、方法和措施；

B：明确工作依据，具有可操作性；

C：监理组织形式、人员配备及进退场计划、监理人员岗位职责；

D：明确监理工作制度（质量、进度、安全、投资）；

E：明确合同与信息管理、协调及监理工作设施配置。

3. 工程项目管理的方式和管理方法

（1）管理方式：

在各种管理中，管理的方式不外乎有两种，第一是主动管理，第二是被动管理。主动管理是一种表现为积极主动的管理态度，这种方式的管理能将规划好的思路或策略导入被管理单位去执行实施的模式中，能引导被管理者向规划好的目标方向发展，因此，主动管理在整个项目管理中占有主导地位，起着至关重要的作用。而被动管理则与主动管理相反，没有主导性，久而久之，整个项目在实施建设的过程中，目标和方向就会显得不稳定，最终也容易以失败告终。

（2）管理方法：

A. 工程施工建设过程中，《总施工组织设计方案》和《总进度计划》是控制、满足和保障质量、安全、进度目标实现的纲领性指导文件，这两个文件制定的内容、方法、逻辑关系是否全面，是否有针对性、可操作性会直接会影响到进度的发展和建设投资能否充分利用。

以本文工程为例，《总施工组织设计方案》以总包单位编制、监理部总监批准为主，项目管理部审核备案为辅，控制整个施工质量、安全所要采取的方法和技术措施。项目管理工程师根据建设周期编制和分解总进度计划，将计划中的项目逐级深化到子分部级层，子分部级层以后的工作进度细化由总承包施工单位结合自身施工的方法、特点深化完成，二者合一后即形成一套操控性强、符合实际、切实可行的形象总计划。这套进度计划可用常规的进度横道图或单双代号网络进度图形式来表现，用这套图作为进度的年度计划、年度计划纲领性进度控制文件，再逐级把工作任务分解到年度、季度、月度、周、日中，实现以总计划控制年度计划、年度计划控制季度计划、季度计划控制月度计划、月度计划控制周计划、周计划控制日计划的控制方法，保证项目按照计划目标进行。实施过程中再用各种进度中的一级节点控制二级节点、二级节点控制三级节点、三级节点控制四级节点……，以此类推，逐级控制，即使在日、周过程中由于一些客观的原因，比如：天气自然因素、工序衔接、技术间歇、组织间歇等因素出现的一些影响进度的小偏差，就可以被及时发现，并采取措施进行纠偏，不至于因为小的偏差而导致到各节点进度节节失控。

B. 制定完上述总控进度，由进度管理工程师编制月度进度督办责任表（图4），将当月要落实的每一项工作分解到责任单位和责任人进行督办，加强工作执行力度，减小实际进度偏差。

C. 定期召开项目周管理 / 监理协调会议集中解决各单位需要协调解决的问题（图 4）。日常掌握现场动态施工，随时保持与各参建单位沟通协调，确保信息交流、反馈畅通。

定制会议内容及程序：

①为保持会议高效、不占用很多的工作时间，会议由管理部项目经理主持召开，监理例会和管理例会合并；

②整个会议围绕项目的整个建设施工为会议话题，先由监理部采用现代化科技手段，结合 Microsoft Office、PowerPoint 应用程序对本周施工质量、安全、进度、投资作一个全面系统性的汇报和评价；

③总承包施工单位汇报下一周的工作事项安排及需要各单位配合协调解决的问题；

④各分包单位汇报下一周的工作事项安排、配合施工事项和需要其他单位协调解决的问题；

⑤建设单位对各单位本周工作情况和下周工作安排进行讲话；

⑥总承包施工单位对监理部提出的质量、安全、投资问题逐一答复，答复各分包单位提出需要总包单位协调解决的工作事项；

⑦工程管理部总结评价本周整体管理情况、下周管理工作安排、答复各单位提出需要协调解决的工作事项。

4. 现场质量、安全与文明施工、现场环境卫生的管理

该项工作由监理部实施完成，根据项目的实际情况及设计特点，由总监制定《监理规划》、《监理工作实施细则》和《安全环境监理实施细则》进行事前控制，结合国家施工验收规范对质量、安全、环境全方位在施工过程中监管进行事中控制，事后对检查验收的质量、安全作出评价。

C 酒店工程总工期时间很短，中间历经整个冬雨季施工，季节性和多专业、多工种的穿插施工构成了本工程的难题，也是要重点攻克的难关。

5. 各单位交叉施工的协调管理

本项目由于建设周期要求，12 栋单体建筑实行平行流水开工，基础开挖出来的土方、场内交通、材料堆放、材料加工等问题在流水开工的间歇中，统筹内转消化掉，避免了因大量土方现场无法堆放，而导致土方外运和买进增加不必要的投资，确保材料堆放、材料加工等场地的合理利用，同时不影响现场交通道路。

（1）基础与地基施工阶段（约 70 天）

由于工期紧张的现实情况，现场施工和施工图设计都要分分秒秒争取时间，现场施工需要依据设计图纸开挖施工，设计单位也需要时间来设计，在这种情况下，我公司管理部就要充分地发挥设计与施工的协调管理，由管理工程师紧跟设计工作，奔波在设计与施工之间，协调由设计单位依次设计出的 12 栋单体基础开挖图和地基处理结构图，协调将现场实际情况及时反馈给设计单位，及时修改和调整设计图纸中存在的矛盾问题，使现场的施工进度也能及时跟进，

不产生技术间歇。

施工单位在土方开挖和地基处理施工期间，设计单位就可以抓紧时间设计完成其他专业的施工图纸，在土方及地基施工完成后，设计图纸也就刚好能衔接上不会影响施工。

本阶段一般主要是土方和地下室结构施工，这些工作都是总承包单位自己独立施工完成的工作，因此，基本不涉及其他专业分包单位穿插施工的工作，总承包施工单位只需要按照周、月进度计划做好内控，按规范顺序施工即可。

（2）主体结构施工阶段（约110天）

本阶段工作同样都是总承包单位自己独立施工完成的工作，涉及的主要工种是：钢筋加工制作、模板支设、混凝土浇筑、预留洞口、水电套管预埋。因此，总承包施工单位只需要按照周、月进度计划做好内控，按规范顺序施工即可。

（3）屋面施工、砌体粉刷、外墙装饰、门窗安装、水电管线安装施工阶段（约90天）

本阶段工作设计多个专业工种穿插平行施工，但同样都是总承包单位自己要独立施工完成的工作。原则上主体结构通过质监站分阶段监督验收完后，由总承包单位根据总体进度计划自行安排工种穿插施工工作，所有穿插施工工作要符合总进度安排，出现小幅的偏差能内部自控协调纠偏，工种施工矛盾问题能组织协调解决。

工程管理部监管，总承包施工单位在进行内控失效或无明显偏差改变时候，工程管理部进行强制管理，介入总承包单位的总包管理，强制性地合理指挥安排各专业工种的穿插施工工作，促使施工进度按计划进行或纠偏，项目管理部项目经理调动管理工程师跟踪每日计划要实施的工作内容，下午在工人收工前统计当日计划进度完成情况，晚餐后利用夜间休息时间组织召开施工日进度碰头会，会中由管理工程师分析当日进度实施情况，若有未落实或未实施完的项目，由对应的施工单位项目经理，在会中承诺日纠偏措施和滞后工作的纠偏完成时间。这样，在进度中形成行而有效的施工进度机制，再次确保节点进度按计划目标实现。

（4）室外景观，水、电、气、暖安装，园区道路，室内精装修工程，市政水、电、气工程施工阶段（约125天）

本阶段是专业工种、专业分包集中穿插施工的高峰阶段，所涉及工作均能有作业面可全面展开施工，几乎所有的单位均需要24小时不间断的施工，劳动力也需要扩大2～3倍才能满足施工的需要；其中，市政水、电、气工程主要是由资源对口的专业部门来施工安装完成，且施工现场均在规划红线之外完成，与总承包施工单位的施工互不干扰，也是最有利于同时施工的最佳时间。在这种阶段的进度控制中，管理控制方法和形式同上一阶段一样，不同的是在管理和监理方面要加大管理工程师和专业监理工程师的数量投入，紧跟施工过程，同各施工单位及时做好平行检查验收工作，确保在抢施工进度的同时，质量和安全按照国家规范紧紧地跟上，也确保了所有的工程工序、隐蔽项目均能保质保量地按照计划目标实现。

（5）水、暖、电、气管线与市政对接碰口，专业工程验收，工程综合验收阶段（约20天）

最后，到了这个阶段，也就是所有设计图纸和各单位合同约定的施工内容已经全部施工完毕，劳动力随之直线下降减少，各种不使用的材料、机械陆续进行清退出场，同时，比如：消防、节能、防雷、室内空气环境检测、配电室的高低压送配电、天然气工程等各专业工程由总承包施工单位提出，工程管理部组织行业主管部门和相关参与单位、总监理工程师主持会议进行专业工程验收。专业工程验收分批验收完后，工程管理部组织、监理部总监理工程师主持建设项目综合验收。

（6）工程交付使用、工程结算和工程保修阶段

本阶段是施工、监理、工程管理的最后阶段，交付给建设单位投入使用后可以同时进行。工程管理项目部主要督促、督办各单位按照合同约定的结算和保修时间直接和审核对口单位对接完成。

6. 总结

为了攻克这些难关，项目管理部通过科学的分析计算，把中间需要穿插施工的专业工种及单位合理地安排在恰当的时间内开始施工；考虑到夏季天气炎热和冬天白天变短的自然现象而影响到白天施工功效会有所降低，采用夜间通宵加班施工的管理方法，监理部在此期间，24小时密切配合检查、验收工作，减小了技术间歇、管理间歇和施工时间间歇，无形地将日常两天要完成的工作通过一个昼夜全部完成实现，即：无形地将一天的工期变成了两天的工期，为整体总的工期赢争取了更多的有效施工时间，使得项目最终实现了预定的建设工期目标，项目圆满竣工并移交投入使用。

总之，建设工程项目管理是一项非常艰巨、复杂的工作，需要项目管理班子精心组织、精心管理，为各参建单位创造良好的社会效益和经济效益。

# 如何评估十三五规划纲要对建设监理行业发展的影响

中国建设监理协会副会长兼秘书长　修璐

党的十八届五中全会审议通过了《中共中央关于制定国民经济和社会发展第十三个五年规划的建议》。第十二届全国人民代表大会第四次会议审议通过了十三五规划纲要。最近中共中央、国务院又召开了全国城市建设工作会议并颁布了《关于进一步加强城市规划建设管理工作指导意见》。这两次重要会议的召开和相应的新发展目标和政策的制定，无疑对建设监理行业未来发展产生重大的影响。因此，如何评估十三五规划纲要和城市规划建设发展政策调整对建设监理行业和企业发展的影响，跟上国家发展要求，理清行业和企业改革思路，对建设监理行业和企业发展十分重要。

## 一、十三五规划纲要实施期间，建设监理行业地位和责任

1. 建设监理行业地位与责任得到了进一步明确

我国建设监理行业与企业是应国家改革开放和经济、工程建设发展需要建立和发展起来的，具有鲜明的中国特色。行业的地位与责任也随着工程建设发展阶段的不同而不断地变化。三十年来，建设监理行业与企业为保证工程建设质量安全作出了巨大的贡献，同时行业地位与责任问题也一直困扰着行业和企业发展。监理行业未来能否继续存在，怎样发展一直是行业和企业关心和讨论的热点话题。最近审议通过的“十三五规划纲要”和“中共中央、国务院关于进一步加强城市规划建设管理工作指导意见”对工程建设监理制度和行业地位、作用和责任给予了充分的肯定和进一步明确，使这长期困扰行业发展的问题得到了解决。中共中央、国务院关于进一步加强城市规划建设管理工作指导意见中重点提到了要落实工程质量责任，要完善工程质量安全管理制度，落实建设单位、勘察单位、设计单位、施工单位和工程监理单位等五方主体质量安全责任。要强化政府对工程建设全过程的质量安全监管，特别是强化对工程监理的监管。建设监理行业和企业是工程监理制度重要组成部分，这是首次在中共中央、国务院文件中提到工程监理制度和包括监理单位在内的五方主体责任。可见国家对工程监理制度，五方主体责任和工程监理监管重视程度非同一般，意义特别重大，对监理行业和企业在工程建设中的作用与责任以及对工程监理的监管提出了明确的要求。

2. 建设监理行业地位与工程质量安全的关系

党中央和国务院之所以肯定、重视工程监理制度和明确包括监理行业在内的五方主体责任，最根本的原因是国家关注工程建设质量安全，关注国家和社会人民大众的生命财产安全。国家希望通过实施严格的监理制度和对监理企业与执业人员监管，达到保证工程建设质量安全的目的。因此，保证工程建设质量安全是监理行业和企业发展的根本与灵魂。可以说，没有工程建设质量安全，就没有建设监理行业与企业的地位，没有工程建设质量安全，就没有建设监理行业和企业的生存与发展的条件与空间。因此，正确理解工程建设质量安全与监理行业与企业的关系，加强对工程建设全过程实施

有效监管，发挥行业与企业在保证工程建设质量安全过程中不可替代的作用，是建设监理行业与企业思考未来发展等一切问题最基本的出发点和依据，必须引起高度重视。

3. 十三五规划纲要实施期间，建设监理行业发展必须遵循的原则

按照国家在十三五规划纲要和城市规划建设工作会议对监理行业和企业发展的要求，建设监理行业在未来发展中应该坚持以下的原则：

一是建设监理行业发展必须满足国情发展需要，必须满足十三五国民经济与社会发展纲要要求，任何脱离国情需要的发展思路和做法都是脱离实际，没有发展前途的。二是现阶段，保证工程建设质量安全的主要矛盾仍是处在施工阶段，因此，建设监理行业和企业全力以赴做好施工阶段监理，保证施工阶段工程质量安全，是当前行业和企业首要工作任务。三是要顺应十三五规划纲要对我国整体经济发展政策调整要求，尤其是适应中央经济工作会议提出的供给侧结构性改革的战略调整目标，实现建设监理行业全面结构调整，转型升级，提高服务质量与能力。

## 二、供给侧结构性改革对建设监理行业发展的影响

中央经济工作会议提出了国民经济和社会发展供给侧结构性改革的战略性发展目标。十三五规划纲要实施期间国家经济发展将从以前单纯地依靠投资、出口、消费“三驾马车”的需求侧拉动向供给侧结构性改革发展转变。以去产能、去库存、去杠杆、降成本、补短板五大任务为重点的供给侧结构性改革目前已经启动，进入了实施阶段，改革已经成为政府、行业与企业具体实行改革调整的方向和思路。供给侧结构性改革目标就是要在改革开放经济发展取得巨大成绩的今天，在市场化改革的关键时期，根据国家经济和社会发展实际情况和需要，调整、平衡失衡的供需关系，减少过剩和无效供给，节约能源，保护环境，扩大有效和优质供给，满足经济和社会发展需求。

1. 十三五规划纲要实施期间为什么要进行供给侧结构性改革

自从改革开放以来，国家经济经过三十年改革开放，已经得到了快速发展，物质、产品丰富，社会基本需求已经得到满足，经济总量位居世界第二。但物质与产品质量不高，资源消耗，环境污染代价严重。在以温饱型，追求产量、数量为主要经济发展目标时期，所积累沉淀的生产能力和队伍规模已经非常庞大。在进入十三五规划纲要实施阶段，国家确立了向小康型社会发展，以追求经济质量，兼顾发展速度为主要模式的经济发展战略目标，前期形成的供给能力已远远大于需求，产能过剩，库存过剩问题已变得十分突出。原始初级低水平、低效率的供给状况已经远远满足不了现代高品质的市场需求要求。能源高消耗，生产高成本，环境高污染的供给状况，国家经济和社会发展已无法承担，企业无法承受。生产产品和提供的服务技术、管理水平不高以及效益低等短板问题反映十分突出。供需比例失调不但不利于推动社会科学技术进步，还导致市场机制失灵，市场秩序混乱，恶性压价竞争，价格背离价值，目前石油、钢铁、煤炭等资源价格背离价值反映尤其突出。环境污染程度和资源浪费、消耗状况要求我们在今后产品生产和提供服务方面提高科技水平，合理利用资源，充分保护环境，提供优质、有效供给。因此，制定实施供给侧结构性改革发展战略势在必行，刻不容缓。建设监理行业也不例外，三十年来工程建设快速发展形成的建设监理行业服务能力和企业数量已远远超出目前市场的需求量，导致市场恶性竞争严重，价格一降再降，价格严重背离价值，使行业发展陷入了恶性循环的困境。建设监理行业只有认真完成自身结构性的调整，完成企业转型升级，提高服务水平与能力，适应市场新需求发展要求，才能发展壮大，别无选择。

2. 供给侧结构性改革对监理行业与企业的影响

十三五规划纲要实施期间，国家经济发展主

要政策是适当调整降低经济发展速度，注重经济发展质量，坚持中高速经济发展，经济增速保持在6.5%~7% 之间。同时逐步推进经济结构调整，降低投资拉动 GDP 比例，增大消费拉动 GDP 比例（目前消费创造 GDP 比例已经约占 51%）。积极发展和推进绿色 GDP，在经济发展的同时，保护环境，保护资源。具体思路和主要任务是去产能，去库存，去杠杆，补短板、降成本。国家这些经济发展政策的落实对建设监理行业和企业发展将必然产生影响。在十三五规划纲要实施时期经济发展速度放缓，固定资产投资减少，房地产库存过大情况下，高速发展时期沉淀的过剩的服务能力，将导致建设监理咨询市场供需比例失衡，工程咨询市场和行业必然进入供给方进行自我调整阶段。监理技术和监理企业将按照市场规律优胜劣汰，适者生存与发展是必然规律。低水平、低效能的技术将被淘汰，低能力、高成本、高消耗的过剩企业将自然被淘汰出局。十三五规划纲要实施期间，监理企业的服务对象也将发生变化，由原来主要为投资者、建设者服务逐步转向为市场多方建设、投资、咨询等社会主体需求服务。同时扩大、提高有效供给的政策落实将倒逼监理企业补短板，促使监理企业转型升级，逐步改造调整成为日以发展的市场多种需求提供多种形式，更多高科技含量，创造更多价值的咨询服务企业。

## 三、十三五纲要实施期间，建设监理行业发展需要解决的问题

随着十三五国家经济和社会发展规划纲要审议通过和国家城市规划建设工作会议有关政策、措施逐步落实，建设监理行业发展进入了新时期，方方面面将受到影响，面临较大的变化和挑战，有诸多问题需要思考、研究和解决。但最值得关注的问题如下：

1. 建设监理行业要进一步顺应国家行政管理体制改革和工程咨询行业市场化改革的不断深入发展，适应各项管理体制改革政策的不断调整和落实。近年来，从服务收费价格、市场准入条件，个人执业资格标准到市场管理办法等都已经发生了深刻的变化。十三五规划纲要实施期间，管理制度改革仍然会有很多新政策，新举措出台。监理企业要进一步适应国家对工程咨询业管理制度改革目标，逐步调整到正日益完善的以社会为核心的行业管理制度上来。

2. 要认真学习领会十三五规划纲要精神，将十三五规划纲要内容与行业改革和企业调整思路有效地结合起来。在十三五规划纲要实施期间，国家将通过去产能，去库存、去杠杆、补短板、降成本，完成供给侧结构性改革实现经济和社会发展新目标。在此期间，建设监理行业要通过自身调整，逐步建立起一支市场供需基本平衡，能为市场多种需求提供优质、有效服务的行业队伍。

3. 在十三五规划纲要实施期间，建设监理行业为确保实现工程建设质量安全的行业最终发展目标，重点要补技术、管理短板，积极推动行业与企业标准化建设，提高建设监理管理的标准化、规范化水平，提高管理能力与效率，增强行业社会地位和认可度，这是行业发展目前急需解决的问题之一。

4. 为实现十三五规划纲要提出的供给侧结构性改革任务，提高优质和有效的企业服务能力，建设监理行业必须紧跟社会科学技术发展趋势和水平，下大力气提高行业信息化、智能化、网络化水平，提高大数据应用和处理能力，为市场日益增长、变化的需求提供优质、有效服务。这是行业和企业改革的切入点和重要内容之一，也是企业改革重要内容之一。

5. 在十三五规划纲要实施期间，建设监理市场化改革会不断深入发展，市场化管理制度会不断完善。在市场化管理制度中，行业、企业和执业人员诚信体系建设是重要内容和必要的基础，因此，十三五规划纲要实施期间，大力推动行业和企业诚信体系建设，增强执业人员职业道德，完善管理制度将是行业改革的重要内容。

# 浅谈建筑业与雾霾的关系及应对措施

中冶置业集团有限公司　陈晓孟

**摘　要：** 我国雾霾天气的出现，是长期以来高污染的粗放型经济发展和众多行业以牺牲环境为代价的必然结果。作为国家支柱产业的建筑业也不例外，在建设一座座高楼大厦的同时，其产生的建筑扬尘对雾霾天气的形成可谓“功不可没”。文章结合自身工作实际，浅谈建筑业与雾霾的关系及应对措施，抛砖引玉，愿为全社会综合治理雾霾贡献一点力量。

**关键词：** 建筑行业　雾霾　应对措施

## 引言

随着现代经济的发展和科学技术的进步，使得人类生活和工作环境有了很大改善，建筑行业带动巨大的经济和高耗能源，增加了生态环境的污染，从而出现雾霾天气，在很大程度上使居者与自然环境人为地分离。毋庸讳言，治理污染已是中国人的集体意志，上至中央最高层，下至社会最基层，莫不如此。

1. 雾霾的成因及危害概述

1）雾霾的成因

（1）雾

雾是由大量悬浮在近地面空气中的微小水滴或冰晶组成的气溶胶系统，是近地面层空气中水汽凝结（或凝华）的产物。雾的存在会降低空气透明度，使能见度降低，就其物理本质而言，雾与云都是空气中水汽凝结（或凝华）的产物，雾升高离开地面就成为云，而云降低到地面或云移动到高山时就称其为雾。

（2）霾

霾，也称灰霾（烟霞），主要成分是空气中的灰尘、硫酸、硝酸、有机碳氢化合物等粒子，霾使大气混浊，视野模糊并导致能见度恶化。雾和霾的区别在于发生霾时相对湿度不大，而雾中的相对湿度是饱和的。一般相对湿度小于80%时的大气混浊视野模糊导致的能见度恶化是霾造成的，相对湿度大于90%时的大气混浊视野模糊导致的能见度降低是雾造成的，相对湿度介于80%~90%之间时的大气混浊视野模糊导致的能见度降低是霾和雾的混合物共同造成的，但其主要成分是霾。

另外，霾的厚度比较厚，可达1~3km。霾与雾、云不一样，与晴空区之间没有明显的边界，霾粒子的分布比较均匀，而且灰霾粒子的尺度比较小，从0.001μm到10μm，平均直径大约在1~2μm，是肉眼看不到的空中飘浮的颗粒物。由于灰尘、硫酸、硝酸等粒子组成的霾，其散射波长较长的光比较多，因而霾看起来呈黄色或橙灰色。

（3）雾霾的主要成因

①在水平方向静风现象增多。城市里大楼越建越高，阻挡和摩擦作用使风流经城区时明显减弱。静风现象增多，不利于大气中悬浮微粒的扩散稀释，容易在城区和近郊区周边积累。

②雾霾中的颗粒物。二氧化硫、氮氧化物和可吸入颗粒物这三项是雾霾主要组成，前两者为气态污染物，最后一项颗粒物才是加重雾霾天气污染的罪魁祸首。它们与雾气结合在一起，让天空瞬间变得灰蒙蒙。颗粒物的英文缩写为PM，目前北京监测的是PM10，也就是直径小于10μm的污染物颗粒。这种颗粒本身既是一种污染物，又是重金属、多环芳烃等有毒物质的载体。

③环境污染因素。随着城市人口的增长和工业发展、机动车辆猛增，污染物排放和悬浮物大量增加，直接导致了能见度降低。建筑业容易产生大量扬尘，扬尘主要由二氧化硅、碳酸钙、氧化铁、氧化铝等有害物质构成，它们同城市其他污染源产生的二氧化硫、氮氧化物等在雾天很容易转化为颗粒物污染，同时，这些悬浮污染物能在稳定的空气中产生化学反应，进一步催化雾霾的形成。

2）雾霾的危害

雾霾天气现象会给气候、环境、健康、经济等方面造成显著的负面影响。

（1）霾的组成成分中，有害健康的主要是直径小于10μm的气溶胶粒子，如矿物颗粒物、海盐、硫酸盐、硝酸盐、有机气溶胶粒子、燃料和汽车废气等，它能直接进入并黏附在人体呼吸道和肺泡中，引起呼吸系统疾病，长期处于这种环境还会诱发肺癌。

（2）雾霾天对人体心脑血管疾病的影响也很严重，会阻碍正常的血液循环，导致心血管病、高血压、冠心病、脑溢血，可能诱发心绞痛、心肌梗死、心力衰竭等，使慢性支气管炎出现肺源性心脏病等。

（3）雾霾天气还可导致近地层紫外线的减弱，使空气中的传染性病菌的活性增强，传染病增多。

（4）从心理上说，大雾天会给人造成沉闷、压抑的感受，会刺激或者加剧心理抑郁的状态。

（5）雾霾天气时，由于空气质量差，还会破坏生态环境；由于能见度低，还会容易引起交通阻塞，发生交通事故。

2. 建筑业对雾霾的“贡献”分析

根据上述对雾霾来源的探究，雾霾中有害颗粒的地污染排放主要来源为交通、工业、建筑；其中在建筑建设阶段中的工地施工、房屋拆除、物料运输、物料堆放等多种因素造成的扬尘排放对雾霾“贡献”不菲；除此之外，建筑业还是制造垃圾、大量耗能的第一大杀手。在近年房地产快速发展，众多大厦拔地而起的背景下，建筑业已俨然成为雾霾形成和环境污染的主要排放产业之一。

1）市政基础设施建设

我国正处于经济高速发展时期，国民经济不断增强，城市人口数量不断增多，城市基础设施建设刻不容缓，道路拓宽、改造、市容绿化以及电力、电信、自来水、供热、燃气等公用设施的建设随处可见。由于这些设施的施工基本都在市中心繁华地段，受交通不利的影响，渣土不能及时清运出去，往往又不采取必要的围护或者遮盖、固化等措施，风一吹或者机动车一过，便飘在空中，成为城市颗粒物污染之一。

2）新建、扩建、改建工程和旧楼旧村拆迁

这些建设项目一般为新建的住宅小区、公用建筑，工业厂房和旧楼旧村的拆迁、改造及扩建等，由于项目的管理人员缺乏文明施工的意识，在土方开挖、回填、运输、施工现场硬化、绿化、建筑材料的堆放、建筑垃圾的清运等方面未采取有效的防尘措施，导致现场的尘土随风飘扬，进入城市上空造成颗粒物污染。

3）混凝土和砂浆搅拌

虽然国家已经明令禁止在施工现场搅拌混凝土和砂浆，但是在实际操作中，有的建设项目为了节约成本还是铤而走险在现场搅拌，而水泥作为混凝土和砂浆的主要原料，它产生的扬尘是所有建筑扬尘中对大气环境污染最大的。尽管近年来我国不断改善水泥生产设备与生产工艺，大大减少了水泥在生产过程的粉尘排放，但是在建筑施工过程中水泥扬尘问题却一直没有得到很好的改善。建筑施工过程中的水泥扬尘主要来源于两个方面：一是袋装水泥在装卸和存储过程中产生的破损，破损后的袋装水泥在运输和存储过程中都将散发出大量的粉尘，并且使用袋装水泥拆袋及纸袋回收时也会产生大量的粉尘，同时破袋还会产生严重的二次污染问题。二是散装水泥进场冲灌产生的灰尘及散装水泥在现场施工过程中出料和投料时产生的粉尘，对环境的影响是非常大的。

3. 建筑业防霾对策

1）绿色设计与应用

随着新技术与新工艺的发展与应用，绿色建筑设计提倡以环境和节能为核心，通过科学创新的设计手段来实现除霾目标。

（1）新风系统

新风系统是“除雾霾”的基础，由于室内外空气的温差，通常与空调相结合或者配以其他热交换设备。

（2）绿化设计

研究表明，绿化植物具有吸附污染物的作用，因此，增加绿地面积对改善空气质量、降低污染具有重要意义。通过提高公共绿地面积，利用建筑表面积来进行植物的屋面种植，进而起到净化空气，除霾环保的作用。

（3）保温设计

我国北方燃煤供暖、南方燃煤发电，要解决雾霾问题就要从根源上减少煤炭的燃烧排放。在建筑设计中采取增加保温涂层、使用具有保温材料的夹芯板、选择三层双中空双银LOW-E镀膜玻璃，并定制专属密封条与框架等方法，以此来加强墙体、窗户保温措施，减少能源的使用，同时加强窗系统的气密性对雾霾的阻隔也具有关键的作用。

（4）绿色产品创新

随着生态环境的改变，近一两年，除霾技术及产品在市场上备受关注，技术创新多样发展。研发集除霾、换气通风、保温节能、智能控制于一体的新型除霾净化窗。鼓励绿色产品的研发和使用，支持绿色发展成为未来的主流与趋势，在设计的源头解决绿色建筑在实际中的应用。

2）倡导绿色施工

（1）采用模块化施工。模块化施工可在工厂中利用特殊新型节能材料制作建筑单元体模块，在施工现场通过插件将各模块拼插焊接在一起，类似插积木盖房子。此方法可大大缩短工期，同时避免建筑工地在敞开式条件下进行堆砌物料的搅拌、粉碎、土建施工等所造成的尘土飞扬现象。

（2）环保材料的使用。选择生产、施工、使用和拆除过程中对环境污染程度低的建筑材料；选用本地生产的建筑材料，减少材料运输过程中的粉尘洒落、尾气排放；全部采用商品混凝土和商品砂

**新风系统类型及特点** **表**

| 系统 | 单向流新风系统 | 半置换新风系统 | 全置换新风系统 |
|---|---|---|---|
| 原理 | 将室内的空气排到室外，使家里形成一整个负压空间，室外未经过滤的空气由外窗或建筑物缝隙进入室内，经过排风系统排出，实现室内通风换气 | 新风由新风主机送入，一部分与原有空气混合，一部分被送风机抽走；新风主机通过管道与室内的空气分布器相连接 | 从地板或墙底部送风口所送新风在地板表面上扩散开来，形成有组织的气流并且在热源周围形成浮力尾流带走污浊的空气，由设在顶部的排风口排出 |
| 优点 | 经济，适用于空气较好地区 | 房间内正压效果好，防止室外脏空气进入；每个房间可独立控制风量 | 新风损失量少，室内空气交换更为彻底，对建筑物室内顶面影响较少，节能30% |
| 缺点 | 几乎没有过滤效果<br>不适于空气环境较差地区使用 | 所需风量大<br>系统成本较高，<br>层高要求较高 | 成本高于顶部送风系统，新风管道设计较复杂，对建筑物层高要求较高 |
| 北京案例 | 高档餐饮空间常用 | 五矿万科如园<br>万柳书院 | 万国城MOMA<br>广渠金茂府 |

浆，避免现场搅拌造成的扬尘污染。

3）建立绿色施工组织管理体系

绿色施工组织管理体系主要包括组织管理、规划管理、实施管理、评价管理和人员安全与健康管理等方面。施工现场由项目经理组织制定绿色施工方案及细则，负责组织绿色施工的实施；对绿色施工的关键点进行监控、动态调整；对现场所有管理人员进行职责分工，把绿色施工具体落实到位。

（1）前期施工阶段，对施工道路、料场等进行硬化，降低裸土面积；裸露场地和集中堆放的土方采取覆盖等措施；施工现场出口应设置洗车槽。

（2）土方作业阶段，作业区目测扬尘高度小于 1.5m。运送土方、垃圾、设备及建筑材料等，不污损场外道路；运输容易散落、飞扬、流漏的物料车辆，采取全面覆盖密目网的措施，以减少扬尘；土方运输车辆采用全封闭车斗；保证车辆清洁，采取洒水、覆盖等措施。

（3）结构施工、安装装饰装修阶段，作业区目测扬尘高度小于 0.5m。对易产生扬尘的堆放材料应采取覆盖措施；对粉末状材料应封闭存放；场区内可能引起扬尘的材料采取降尘措施，如覆盖、洒水等；浇筑混凝土前清理灰尘和垃圾时尽量使用吸尘器，避免使用吹风器等易产生扬尘的设备；机械剔凿作业时可用局部遮挡、掩盖、水淋等防护措施；高层或多层建筑清理垃圾应搭设封闭性临时专用道或采用容器吊运。

（4）施工现场非作业区达到目测无扬尘的要求。对现场易飞扬物质材料仓库采用全封闭库房，并针对性采取有效措施，如洒水、地面硬化、围挡、密网覆盖、封闭等，防止扬尘产生。

（5）构筑物爆破拆除前，做好扬尘控制计划。可采用水化阻隔法，清理积尘、淋湿地面、预湿墙体、楼面蓄水、建筑外设高压喷雾状水系统、搭设防尘排栅和直升机投水弹等综合降尘，选择风力小的天气进行爆破作业。

（6）定期保养机械设备，减少废气排放，控制空气污染。机械拆除前，做好扬尘控制计划，可采取清理积尘、拆除体洒水、设置隔挡等措施。

（7）对现场建筑废物处理进行监控；对施工现场生活区设置封闭式垃圾容器；施工场地生活垃圾实行袋装化，及时清运；对建筑垃圾进行分类，并收集到现场封闭式垃圾站，集中运出。

（8）制定综合应对雾霾天气的专项应急预案。联合开展雾霾天气影响的研究，并在此基础上先做好顶层设计，使预案内容精细化、人性化和公众化，真正制定出操作性强的综合应对雾霾灾害的部门联动专项应急预案，明确各部门应对措施，有效应对不利影响。

（9）加强人员的培训教育宣传工作，聘请监测公司到现场测试空气质量，对检查发现问题区域，分析原因，制定控制措施。

4）加强管理，力求源头治理

目前我们国家的雾霾治理还没有真正做到最好的源头控制。源头控制的根本是管理，管理上不去，就无法控制源头。以华北地区为例，雾霾最严重的北京、天津、河北三省市是相互影响的，光靠一个省市或者一个区域来治理是很难见到成效的，所以，必须采取措施联防联控，形成合力，统一调配、统一管理，才能真正从源头上控制。

5）完善法律法规标准，明确各部门相应的执法权及执法界限

多年来，我国对城市大气污染物的控制只着眼于工业粉尘和燃煤窑炉。随着环保意识及管理力度不断加强，这些污染源大都得到了有效治理。而近年来，城市基础设施建设、城市拆迁改造、建筑业施工等工程量加大，使得建筑扬尘污染问题越来越凸显。而对于这些开放源，我国几乎没有采取过有效的防治措施，更没有相应的标准和法规。

新修订的《中华人民共和国大气污染防治法》从宏观上规定了环保部门对城市扬尘污染实施统一监管，但对违规的处罚权却赋予了建设行政主管部门或其他部门，环保部门的统一监管实际上并没有多少约束力。而建设行政主管部门虽然依据《建设工程施工现场管理规定》对施工现场有监管权，但

是在施工现场外的渣土、建筑材料、机械设备运输、噪声污染等管理又属于交通部门或其他部门，因此造成部门冲突和社会资源浪费，形成事实上“谁都管，谁也管不好”的局面。建议从依法治国的高度认识建筑业污染问题，最好是以国务院颁布条例的形式来明确赋予各部门建筑扬尘治理的监管范围及责任，从而齐抓共管，有效控制建筑扬尘。

6）强化宣传教育，提高防治扬尘污染的自觉性

利用广播、电视、报纸等多种媒体宣传建筑扬尘污染的危害及防治知识，促进全社会对扬尘污染防治的紧迫感。建筑扬尘污染往往点多面广，单靠以上或几个部门是难以胜任的，应鼓励居民积极举报有扬尘污染的企业，培养公民、企业自觉遵守建筑扬尘污染控制方面的法规意识，形成全社会齐抓共管、人人参与、人人监督的氛围。

7）严控建设项目各参建主体的责任行为

项目建设单位必须对建筑扬尘污染治理负总责，要组织各有关单位，共同制定实施方案，确保场容场貌统一、协调、干净、卫生；施工单位应把扬尘防治工作真正落实到位而非纸上谈兵；监理单位必须担起控制建筑扬尘污染的责任，加强对控制扬尘污染监理工作的现场检查，确保监理人员到位。对施工企业不服从管理的，要及时报告建设单位和主管部门。

8）绿色施工信用信息平台系统

我国的建筑业企业信用信息平台刚刚起步，虽然目前全国各省市建设行政主管部门陆续建立了建筑业企业信用信息平台系统并启动实施，但在信用信息的评价标准、社会公布、实施奖惩等方面仍需进一步完善。这就需要建设行政主管部门不断努力、加大力量将信用信息平台建设好，从而将建筑扬尘治理与建筑企业信用信息结合起来，让他们自觉地遵守相关规定，不断提高自身的管理水平。

未来还需要将建设单位、监理单位、专业分包单位纳入建筑业企业信用信息平台系统，形成一个完整的建筑市场管理体系，进一步提高执法监管水平。

9）继续强制推广使用商品混凝土和商品砂浆

施工现场禁止使用水泥搅拌砂浆，建设工程施工项目中推广使用预拌砂浆。商品混凝土和商品砂浆的推广使用，能有效减少建筑扬尘污染，提高工程质量，这是一项必须长期坚持的必要措施。

10）加快发展建筑生产工业化

建筑生产工业化是指在建筑产品形成过程中，有大量的构部件可以通过工业化（工厂化）的生产方式加工，这些建筑构配件预先在工厂生产出来后，再运送到工地现场进行装配，从而最大限度地加快建设速度，改善作业环境，提高劳动生产率，降低劳动强度，减少资源消耗，保障工程质量和安全生产，并消除建筑扬尘及污染物排放现象。

## 结束语

综上，建筑业是一个长周期的开发建设运营过程，在它全生命周期的几个阶段，都会对雾霾产生影响，例如拆迁、施工过程中的扬尘排放，建造、运营过程中的能源消耗。作为众多产业链的上游行业，房地产业及建筑业应责无旁贷的担负起解救环境危机、健康危机的除霾重任。在道德、政策以及技术的支持下，大力发展绿色设计、绿色施工、绿色材料、绿色体系的推广与应用，坚持这种可持续的发展道路才是一个国家、社会、行业未来的健康发展之路。

参考文献：

[1] 宋京平.倡导绿色建筑遏制城市雾霾[N].中国建设报，2013-01-30（10）.

[2] 杨立新.市区建筑扬尘污染及整治办法[J].科技信息，2008年31期.

[3] 吴兑.霾与雾的识别和资料分析处理[J].环境化学，2008年03期.

[4] 李静.浅谈雾霾对环境的影响[J].城市建设理论，2013（37）：122.

# 监理企业从业人员的素质提升及队伍建设

安徽天翰工程咨询有限责任公司

解决监理从业人员的素质问题，注重企业监理从业人员的队伍建设是做好监理工作的根本。根据监理从业人员存在问题、现状，以及监理人员应具备的基本素质，结合我公司进行从业人员的素质及队伍建设的做法，探讨提高从业人员素质、加强队伍建设的有效途径。

工程建设监理是一项工作难度很大的高智能服务工作，它既要为业主提供优质的服务，又要公正地维护承包单位的合法权益。在工程项目建设的过程中，它利用自己在工程建设方面的知识、技能和经验为业主提供高技术的监督管理服务。受公司委派，项目监理部代表公司承担具体工程项目的监理任务，监理部人员应由业务能力强、工作经验丰富、年龄结构合理、专业配套齐全的高素质人员组成。随着时代的发展，建筑市场日趋规范，政府主管部门对工程监管力度的加大，对监理企业服务质量提出了新的要求，对从业监理人员的素质也提出了更高的要求。

## 一、监理从业人员存在问题、现状

1. 我国的建设监理事业经过了多年的发展，取得了一定的成绩，特别是对提高工程建设质量和投资效益、缩短建设周期发挥了巨大的作用。监理从业的人数也迅速地扩大，监理人员的素质明显提高。但总的来说，大部分监理人员的综合素质离监理工程师和职业化的要求尚有较大差距，从业人员整体素质不高。技术水平高、管理经验丰富的复合型人才严重匮乏，有领导才能、具有总监理工程师素质的人才更是难得，爱岗敬业、勤奋工作、坚持标准的人才流失严重。这些都制约着监理行业的健康发展，人才素质问题成为监理行业健康、快速、和谐发展的瓶颈。

2. 监理行业从业人员不稳定、职称结构不合理、缺少高智能的技术人才

（1）临时聘用人员较多，容易造成监理队伍不稳定，有的监理企业在工程需要时请人来打个短工，不需要时辞退回家，这样就使这部分监理人员不能形成良好的系统理论和监理工作经验，工作业务能力得不到提高。

（2）高级职称和注册监理工程师人数太少，监理行业缺乏高智能的优秀监理人才，职称结构不合理。在这样的结构体系下，大部分监理人员只能提供施工阶段的质量监理，监理行业还缺乏方案设计、经济评价和投资估算人员、融资管理人员、法律专家；监理人员业务能力差，真正精通工程技术、法律、经济、管理知识，又有较强管理能力和丰富实践经验的人员更是缺乏，应该说尚有多数监理人员不能够提供高智能的咨询服务。

3. 监理工程师挂靠现象仍然存在，主管部门对监理人员整体素质评价不合理。虽然国家加大了对注册监理工程师的管理，但挂靠注册现象仍然严重，一些建设、设计、施工等单位的人员考取监理工程师资格证书后，在监理单位挂靠注册，领取挂靠费用。另外，政府主管部门对监理从业人员素质的评价不切实际，一方面指责监理人员素质不高，一方面又让监理人员承担更多的责任。

4. 监理人才流失严重，人才基础薄弱。监理行业是一种智力密集型的行业，由于监理人员收入普遍低于其他如勘察设计单位、科研院所、大专院校、基建管理部门和施工单位。造成监理企业的人才，特别是优秀人才流失现象严重。

5. 缺乏一支高水平的总监队伍，专业监理工程师严重短缺，监理员素质参差不齐。由于国家注册监理工程师的人数少，而相对于监理企业的业务量，大部分国家注册监理工程师都走上了总监岗位，在这些总监中，有的知识水平和实际工作能力与职业化的要求相距甚远，在工作中表现为缺少发现问题、解决问题的能力。

6. 工程监理不到位，监理服务质量不高，难以适应现代工程项目管理的需要，是制约建设监理向项目管理转变的一个重要因素。有的项目监理机构不健全，监理人员数量、专业、素质不能满足监理工作的需要；有的总监承接项目过多，总监到位率较低；有的只是挂名而已，保证不了监理机构的有效运作；有的施工现场管理力度不够，监理人员缺乏必要的责任心和职业道德，“吃、拿、卡、要”现象时有发生；有的监理人员工作时间不到位，不能坚守岗位，敬业精神差；有的项目关键部位和关键工序未实施有效的旁站监理；有的监理工作不规范，不能为业主提供高质量的监理服务，制定的监理规划、监理细则千篇一律，缺乏针对性，难以有效地指导现场监理工作。显然这样的监理工作难以适应现代工程项目管理的需要。

## 二、解决问题的措施

为有效克服以上监理行业普遍存在的问题，我公司采取以下多方面的措施，并把提高监理人员素质、加强队伍建设作为公司发展的首要任务。

1. 要强化监理队伍的从业道德教育

首先是加强监理人员的职业道德建设，关键在于提高监理人员的文明意识，我们结合实际案例开展政治思想教育、业务素质教育，提高监理人员的思想道德水平和综合素质，提高公司监理队伍的整体文明意识。

二是提高监理人员的诚信意识。应让每个监理人员认识到爱岗敬业，诚实守信是监理从业人员应具备的职业素质，认识到自己肩负的为工程建设质量把关的重大责任，在监理工作中努力做到诚实守信，反对一切弄虚作假的恶劣作风，以优质服务和诚信负责的实际行动赢得业主和主管部门的信任。

三是提倡监理人员的奉献精神。监理工作人员长期在施工现场，工作生活条件比较艰苦，这就要求监理人员要具备无私奉献的精神，能以特别能战斗、特别能吃苦、特别能忍耐、特别能创造的精神去开展监理工作。

四是提高监理人员的廉洁意识。监理人员手中的权力直接关系到工程项目的质量，关系到监理企业的声誉，如果监理人员不能正确对待手中的权力，存在“吃拿卡要”现象，必然影响到监理工作实施效果。因此，应把对监理人员的廉洁自律教育作为一项重要工作抓紧抓好，同时在公司内部走道画廊、内部刊物积极宣传如何做到廉洁自律。

2. 建立完善的企业人力资源管理机制

完善人力资源的招聘、选拔、考核、激励制度，积极变革用人方式。在保证工程监理现状的前提下，除继续使用现有监理人员外，积极招聘，引进年富力强的，综合素质高，能够适应监理企业发展需要的人员。鼓励监理从业人员积极参加各项继续教育，职称申报、建筑行业职业资格考试等。

实行工资激励机制，提升监理效率。建立适应自身实际情况的固定和浮动工资相结合的薪酬体系，所有签订合同人员均享受“五险一金”，增加监理人员实际收入，充分调动监理人员的工作积极性和工作责任心。

完善合同管理，适应新劳动法的要求，切实加强人才资源管理，做到合法用工，制订并严格执行员工招聘、录用、辞职、解聘制度。调整用工模式，对现场监理和管理人员采用不同的管理模式，规范劳动合同格式及内容，使之更具可操作性。

加强对监理人员的业务培训，每个年度公司均有计划、有步骤地组织人员参加内部、外部各种培训，着重提高监理人员的专业技能、监理水平和组织协调能力，把员工的发展和企业的发展联系在一起，使员工在企业中能够实现个人的职业发展规划，使企业能够拥有一支高素质的监理队伍。

强化绩效考核激励，对照员工岗位职责和工作标准，对员工的业务能力、工作表现及工作态度、工作效果等按季度进行综合测评，量化管理过程，以此作为对员工进行任用、晋升、薪酬调整、奖惩的客观依据，充分调动员工的积极性和创造性，改进企业人力资源管理现状。

3. 强化现场监理人员的责任意识，提高监理服务水平

监理工作最突出的一点就是服务，主要的方法是规划、控制、协调，为在计划目标内建成工程，提供最好的服务管理，主要任务就是控制建设工程的投资、进度、质量和安全，为业主提供高品质的服务。

首先，“打铁还要自身硬”，高素质的复合型监理人才是提供高品质服务的先决条件。这就要求工程总监要具有极高的综合素质和道德品质，有理有据，合理合法地在国家法规允许范围之内，依据《建设工程监理规范》开展监理工作。每个工程都是由多个不同专业的工程客体组成的一个联合体，工程总监不一定要对每个工程客体专业精通，但应该了解基本的客体要素，利用自己所掌握的专业知识与工作经验协调各方关系，组织开展监理工作，专业监理工程师应精通本专业的技术精髓，合理运用所掌握的专业知识，监帮结合，适时提出合理的建议，做出合规的判断，提高建设工程质量水平。

工程质量要从前期抓起，要做好施工图纸会审工作，严肃会审纪律，做到不走过场，要充分了解工程地貌地况和当地水文、地理及人文情况，提醒设计人员对建设过程中容易出现问题的关键点和重要环节做好充分的技术考虑，避免出现不必要的变更设计、重点返工等问题。

在工程资金方面，监理人员应当根据工程进度情况和质量验收情况，及时审批工程进度款申请，提供工程进度审查资料，关注工程款的落实情况，以保证工程的顺利施工。

监理人员在与施工单位的交往中，绝不可高高在上，盛气凌人，遇事要多协调多沟通，另外要根据一般施工企业重视工程建设质量，轻视工程资料质量的情况，注意在工程建设初期，就要提醒和要求施工单位适时提供工程资料，在建设过程中控制和掌握工程资料情况。

目前监理工作还处在发展阶段，不论从监理人员的专业水平、思想素质、检测手段等都不同程度地存在一些问题，为了使监理人员充分掌握施工监理方法和程序，发挥各自特长，有效地公正地执行合同，保护合同双方的利益，避免因监理工作带来的损失，应对监理人员进行岗前培训，除具备一定的专业理论知识外，还要具备较丰富的施工经验，熟知监理知识，提高分析和解决问题的能力。

4. 合理搭配监理项目人员，打造和建设完美的团队

一个监理项目能够很好地开展工作，不只取决于项目人员的水平高低，更取决于整个团队的整体情况，只有目标一致，团结一致的集体，才能更好地完成建设项目的监理工作。

在具体的监理项目人员的选择组建过程中，要注意在结构上互补，在团队中使每个人能够充分发挥各人的长处，规避或完善不足之处，突出团队

的整体优势。

在人员的年龄结构方面，要考虑老中青相结合。老同志施工管理经验丰富，有经验能传经授道；中年人有事业心和责任感，能够稳妥地沟通处理问题，施工管理经验和理论水平都具备，能够在团队中发挥骨干作用，年轻人理论基础较好，学习和掌握新知识的能力较强，工作有热情有活力，具备较强的上进心，同时对现代化的管理方法和模式适应性强，具备较强的可塑性。

在人员的个性结构方面，要注意有领导才能和配合能力的相互搭配，内向型和外向型的相互补充。每个人都有自己与众不同的特点，都有自己的个性，在团队的组建中，注意不同人员的个性搭配，才能使团队成员相互促进，相互激励，和谐相处，整个团队才会有生气，才会不发生内耗。

在人员的能力方面，要考虑专业的互补，技术特长的互补，管理特长的互补。“闻道有先后，术业有专攻”，每个人都有自己的强项，作为团队中的一员要不惜将自己的强项发挥出来，这样的团队才能有战斗力。

没有完美的个人，只有完美的团队，只有团队中的每个人心往一处想，劲往一处使，充分发挥每个人的优势与特长，才能使团队立于不败之地，一个监理企业，如果不能建设好监理项目团队，即使管理手段再高，人员素质再强也不可能有良好的监理业绩，不可能拥有企业竞争能力，不可能使企业立于不败之地。

## 三、以人为本，培育有特色的企业文化，打造企业的品牌

目前监理企业的人员绝大多数都是聘用制，人员流动性大，对企业的信任感和归属感较弱，对薪酬的要求较明确，容易出现责任心不强，跳槽频繁的现象。

作为企业的管理者，要把监理人员作为企业的财富来看待，在工作上培养他们，在生活上关心他们，在待遇上善待他们。要在管理上切实做到以人为本，把企业文化建设作为企业管理重要的组成部分。

加强以人为本的管理文化建设，扩充人力资源，做到用好人才，留住人才，员工工作的目的不仅仅在于赚钱生活，此外还有良好的工作环境，和谐的人际关系以及对自身价值的追求。企业文化从某种程度上折射出了对员工的态度，企业文化应加强“以人为本”层面建设，赋予企业对人才更大的吸引力，使得为之工作的员工心情舒畅，从而更容易发挥能力，实现个人对价值的追求，为企业创造更多成绩。

突出“以人为本”的特点，建立现代企业制度，更多地体现出人性管理的一面，符合人的本能需求。在规划企业文化的过程中，企业应从福利待遇、工作环境等物质层；规章制度、行为准则等制度层和价值观；人才理念、工作理念等精神层面全方位塑造，真正做到强化“以人为本”的管理。

在实际工作中，只有将企业的文化理念通过多种方式逐渐深入到员工的内心，才能增强员工工作的主动性和自觉性，才能增强工作的责任感和压力感，使员工自觉地把自己的行为付诸企业的品牌建设中去。良好的企业文化在凝聚员工队伍的同时，也为企业的品牌建设和核心竞争力的提高起到了积极的重要的作用。

监理企业队伍建设是一项长期的、复杂的、系统的工作，需要我们不断学习和研究，更需要我们在实际工作中深入实践和探索。

# 刘钢：百折不挠，百炼成钢

武汉建设监理协会　冯梅

**2014 年 9 月 19 日，光谷国际网球中心 5000 座球场正式开拍，WTA 国际武汉网球公开赛在这里绚烂举行。时年 42 岁的刘钢在此之前决然不会想到，他名字里的“钢”字会和这座钢结构网架的网球馆紧密相连。24 年的职业生涯，如一辆呼啸而过的列车，从施工单位一路走来，到监理单位的 8 年淬炼，始至百折不挠，终促百炼成钢。**

## 偶然中的必然：选择监理，选择广东天衡

人生有许多不经意的偶然，实则也蕴涵许多必然。2007 年 9 月初，刘钢经朋友介绍，正式进入广东天衡监理公司之日，恰好是他 35 岁的生日。

从水电专监兼安全员开始，刘钢开始了自己的监理职业生涯。从凡谷电子厂房、光谷六小、光谷第二中学，到邮科院烽火科技产业园、邮科院光通信产业园、保利地产、中建地产汤逊湖项目直至光谷国际网球中心，这位刚强的巴蜀汉子一路走来，在项目部的工作实践中成长并收获。2009 年，为更好地促进工作，他报考了武汉理工大学建筑工程技术专业。2011 年，他如愿成为总监理工程师代表。

2013 年 7 月，经过艰苦的学习，刘钢取得了《国家注册监理工程师》证，几乎与此同时，他被公司通知到光谷国际网球中心 5000 座球场担任总监理工程师。还来不及热身，第一天就和公司领导到现场见了甲方代表，随即和甲方领导、总包负责人及项目团队参加了武汉市市长唐良智同志亲自主持的开工典礼。责任和使命，油然而生。

作为承担 WTA（国际女子职业网联）比赛的副场馆（2014 年 WTA 武汉公开赛主场馆），光谷国际网球中心球场不仅是武汉的新地标，更是向全国乃至全世界展示武汉形象的新窗口。在 2013 年 7 月 17 日那个酷热的夏日，摆在刘钢面前的是他从业 20 多年来难度最大、质量要求最严格的项目。

2015 年 6 月，当我们来到已经建成的光谷国际网球中心 5000 座球场参观，其国际领先水平的建筑技术及施工工艺让人啧啧惊叹。可刘钢带领项目部成员刚进驻时，这里还是黄土一片。在酷暑中，他和同事们克服高温，前期租赁集装箱办公和生活。针对项目特点，他充分发挥自己的沟通协调组织能力，积极与业主、施工单位等各方积极沟通，仅用 360 个日历天，在施工方、业主方共同努力下高效完成了 5000 座场馆和配套设施的建设，确保了 2014 年 9 月 WTA 武汉赛的如期举行。

"工程中最重要的莫过于质量与安全，要想保证工程质量与安全，最好的办法是做好提前预控，防患于未然。"

回首一年的挥汗如雨，刘钢坦诚自己也是第一次接触到体育馆项目，从中收获很多，并由此爱上了网球运动。谈及感受，他心中的自豪更多："整个工程从设计、施工到监理都做到了精益求精，最后在装修上为了达到最好的效果，请设计人员现场驻点，力求完美。整个工程接受了全世界网球爱好者和国际网球巨星的检验，把武汉展现给了全世界，也为武汉建设增光添彩，看到满场观众的呐喊和欢呼，觉得当初所有的压力与付出都是值得的。"

## 率性汉子：年少轻狂，一路走来

初见刘钢，他戴一副眼镜，走路飞快，一脸严肃。可跟他熟络起来，他谈笑风生，真诚质朴，露出可爱的虎牙，你会发现，这是一个多么率性的汉子。

3 岁时，因为父亲工作调动的关系，刘钢跟随家人举家迁徙湖北赤壁，在那里度过了愉快的童年时光。1988 年，16 岁的他考入武汉建筑工程学校，进入电气安装专业学习。1991 年，他毕业分配到中建三局三公司厦门分公司，并在那里留下来。

回首望去，那是怎样的一份辗转，却也饱含着一个年轻人对于未来的热望。去厦门后的第一个项目是厦门国际金融大厦，之后是厦门金龙汽车车身厂房，从事电气施工的刘钢一干就是 5 个年头。1995 年 5 月，他调回三局武汉分公司，先后分配到湖北政协大楼、杨园铁四院办公大楼建设施工。1997 年 4 月，他被调至西安，参与西安康师傅厂房建设等，由于家庭的原因于 1999 年辞职回到武汉。

踌躇间，2000 年春节后再次回到厦门，进入厦门四通电工有限公司担任销售经理，主要销售松下电气产品（开关面板、灯具）。两年后，他再度拾起老本行，来到天津参与塘沽八大街轻轨总站建设。一年多后，再度回到武汉。

在这期间，他和所有年轻人一样，经历结婚、

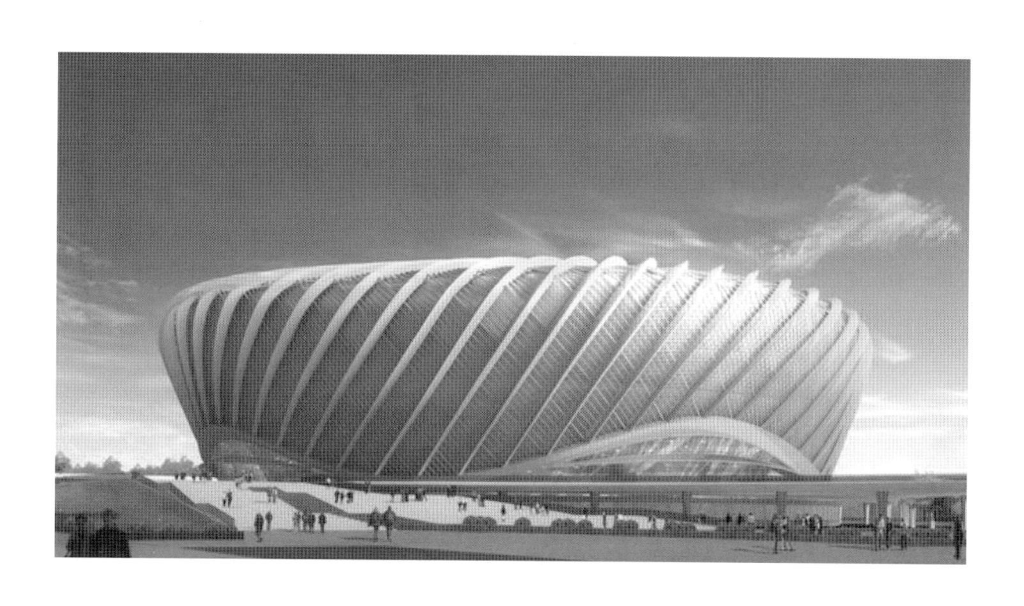

生女，买房、买车，与所有渴望幸福美满生活的人一样，他也在生活和现实的磨砺下，一步步成熟。作为男人，作为丈夫，作为父亲，更作为儿子，他也希望可以用自己的肩膀，扛下这个世界，给家人一份幸福、安定、富足的生活。

2013 年，当生活不经意拐弯，当光谷国际网球中心 5000 座球场项目的建设监理任务横亘在这个 40 岁出头男人眼前的时候，可想而知他心中是怎样的一份热血沸腾。

这样的一份机缘和幸运，也来自广东天衡监理公司对刘钢本人的一份信赖。正是基于“让年轻人上大项目，促使年轻骨干迅速成长”的企业文化，刘钢才得以拥有了大展身手的舞台。

一年内，要按“世界一流”、“时代之巅”的标准，建设出彰显武汉文化魅力的经典工程，刘钢不敢有丝毫懈怠。无论是大汗淋漓的夏季，还是冰冻三尺的冬季，他用内心的信念温暖自己：要做，就做到最好！

## 肃然起敬：有所为而有所不为

2013 年年底，因为参与监理光谷国际网球中心 5000 座球场项目中的杰出表现，刘钢被广东天衡监理公司评为“先进个人”。2014 年底，该项目获得了武汉市结构优质奖。

从最初进入监理行业，对监理认识不足，到如今成为监理行业中的优秀一员，刘钢见多识广，看过太多，也感受过太多。在他看来，项目总监理工程师是项目机构的负责人，是项目管理的核心，也是团队的组织者和领导者。“首先要履行好总监理工程师的监理职责，做团队的榜样，增强团队凝聚力，多给正能量，同时强化学习，多看图纸、规范、技术方面的书籍，培养积极向上、学习型的项目监理部。对员工要多关爱，有困难大家一起帮助解决，这样才能打造一个有凝聚力与战斗力的监理团队。”

光谷国际网球中心 5000 座球场项目的主要特点是工期紧，任务重，大量采用了各类高新技术，工程子系统多，调试工作量大。与一般房建项目和市政工程不一样的是，它的安装工程协调量大，施工组织极为重要，环保节能要求高。针对千头万绪的工程施工要点，刘钢带领项目部成员积极与设计院沟通，不定期请设计人员到现场共同研究、探讨技术方案，同时针对预应力张拉、预制清水混凝土构件制作及安装、双向斜交的菱形空间大曲面、网格钢结构制作安装等多项技术方案进行了专项的研究与攻关，保证了项目在满足实用、安全可靠的同时，节约了成本，并使建筑物造型新颖，外观靓丽。

2014 年 8 月，光谷国际网球中心 5000 座球场项目交付使用前，甲方和施工单位均对刘钢的工作深表满意，广东天衡监理公司也力主他继续兼任 15000 座球场项目的总监理工程师代表。

对于监理人的廉洁自律，刘钢的体会是八个字：有所为而有所不为。“廉洁自律就是监理人无数个零前面的那个壹。我们监理人必须坚守底线，自尊才能自强，才能获得他人的尊重。”

对于 2014 年 9 月国家住建部刚出台的《工程质量治理两年行动方案》，刘钢认为非常及时，且非常有必要。“作为监理企业与监理从业者应以此次整治行动为契机，提升自身的现场监理管理水平与监理履职能力，唯有自强才能接受市场的优胜劣汰与时间的检验，才能赢得老百姓的口碑，重塑监理行业信心与尊严。”

走过那么多城市，去过那么多地方，刘钢最钟情的还是故乡重庆。2014 年春节，他和家人回乡探亲，特意去了趟重庆綦江的彩虹桥。当看到垮塌的大桥原址痕迹和旁边的一块铭牌介绍，40 名群众和部队武警战士在这次事故中遇难，内心震动异常，深感豆腐渣工程的危害性。“不管干什么，都要凭良心。”他很用力地说。而我们从他刚毅的脸上也看到，这个男人内心的坚定与执着。

# 把握新常态，强化监理企业诚信自律建设

合肥工大建设监理有限责任公司　孙克

**摘　要：** 本文根据监理行业信用管理要求，分析了本公司在信用管理方面存在的问题，结合公司业务特点,论述了企业诚信自律体系建设的要点。

**关键词：** 新常态　监理企业　诚信自律　体系建设

## 一、引言

随着“信用中国”建设步伐的加快，各行各业正在加快信用平台建设。作为一个企业如何去主动适应？怎样建立有效的诚信自律管理体系，从而避免企业遭到“失信惩戒”，使企业能健康、稳步成长？这是当下每个企业都非常关注的事。

合肥工大建设监理有限责任公司是全国百强监理企业，有良好的信用等级，但对比新形势的要求依然存在不少差距。为适应新的市场及监管环境，公司决定构建更加严格的诚信自律体系，变外部压力为公司自律行动，编制了《监理信用管理标准》并于2015年下半年开始推行。本文就公司《监理信用管理标准》编制、实施过程中的一些思考与同行分享，起一个抛砖引玉的作用，以期共同促进整个行业诚信自律、良性发展。

## 二、“信用”是“新常态”的基本要求

“信用”是什么？似乎都知道，但真要表达清楚却又没那么容易。查字典、上网搜，解释很多，有人这样定义：“信用是能够履行跟人约定的事情而取得的信任”，我觉得这个定义比较靠谱，它大致表达了这么几层意思：（1）信用是人与人之间产生的信任关系，自己一个人无所谓信用，想干什么干什么，责任自己负，后果自己担；（2）信用的前提是双方（或多方）有约在先，什么事情、什么结果、什么标准都是提前约定的，所以信用是一种意愿、一个承诺；（3）约定的事项应得到遵守和履行，违反了就是不守信用，所以信用是一种履行承诺的能力和实践；（4）遵守并履行约定的事项后能得到相对方的信任，而这种信任在

以后的交往中是至关重要的。所以信用是要拿来用的，不用就无所谓“信用”。

这两年，“新常态”也是一个绕不过去的词，内涵太丰富、外延太广泛，大家都会有不同的理解。我觉得，所谓“新常态”还不是真正的“常态”，还不是现实，只是一个在不久的将来大概率能够实现的目标。之所以提“新常态”，是因为“老常态”搞不下去了，需要变革。实际上，我们处在一个“变态”阶段，即从“老常态”向“新常态”变化的过程中。

对于监理行业来讲，中国建设监理协会修璐副会长对“新常态”的归纳较为全面。“新常态”最本质的特征是让市场在资源配置中起决定性作用，而真正的市场经济必然是法制经济、信用经济，市场化产生的结果就是优胜劣汰。围绕这个核心问题，无论是政府、行业、企业，都要转变、适应，重建新的平衡。所以说“信用”建设是“新常态”的基本要求。

根据《国务院办公厅关于社会信用体系建设的若干意见》（国办发〔2007〕17号）及《国务院关于印发社会信用体系建设规划纲要（2014-2020年）的通知》（国发〔2014〕21号）等要求，各行各业以互联网技术为依托、与大数据时代相适应的信用管理平台已初步建立，跨行业、跨部门的全国统一信息平台正在建设。建设行业也不例外，过去那种普遍违法、劣币驱逐良币等恶劣现象正在得到扭转，一股讲诚信、守信用的新风正在形成，对失信、违规、违法行为的惩戒执行力度正在持续加大，可以预见，在今后几年内，新体系必将完善、有效运行，对整个行业从业单位、从业人员形成硬约束条件，讲诚信的将赢得市场的青睐，不讲诚信的必将遭到市场无情的淘汰。

## 三、“新常态”下如何强化监理公司诚信自律体系

对于监理企业及从业人员来说，讲诚信、守信用是“新常态”的核心要求。既然是核心，就必须认真对待，把握方向，不等不靠，主动“变态”。

我们公司业务范围涉及房建、市政、公路、水利、机电等多个专业，在省内外有多个经营管理团队，从业人员达1000多人。地域及行业跨度、项目及人员数量都非常大，给公司和项目管理带来不小挑战，任何一个项目或人员的不诚信行为均可能给公司整体信用造成伤害。如何根据公司特点构建有效的诚信自律管理体系成为当务之急。

为此，我们对监理行业的基本规律进行研究，对公司存在的问题进行分析，对各地、各行业主管部门的信用管理标准进行梳理，并加以归纳吸收，形成了公司内部自律管理标准编制的基本思路。

1. 公司在信用体系建设中存在的主要问题分析

（1）管理机构存在的问题：公司各项信用要素管理分散在各个职能部门，而各职能部门的联动整合存在脱节的现象，没有形成相对统一的信用管理机构；公司、经营管理团队、项目三级管理体系建设中，分管领导及团队对项目的监管作用尚未真正有效发挥；有必要对公司各级机构、人员在信用管理中的职责进行明确。

（2）应对各行业信用标准存在的问题：对公司业务范围涉及的各行业主管部门的信用管理要求缺少综合分析与整合；这几年，各地、各行业主管部门相继出台了信用管理办法，这些办法虽然基本原理及原则是一致的，但具体条文及操作还是千差万别，公司各在监项目执行起来还是觉得困惑，也不便于公司统一管理。而且，这些信用管理办法是政府主管部门颁布的，侧重于质量、安全和市场行为，比较宏观，是保底线用的，其要素并不能涵盖监理工作全过程，对监理项目的微观指导是不够的。为此，公司认为有必要根据公司业务范围特点，创建能兼容各行业、各地方要求的相对统一的公司信用自律管理标准，使公司信用自律管理科学合理，既满足各行业要求，又便于对属于不同行业的所有项目进行统一的比较、考核。

（3）项目执行情况检查、考评存在的问题：由于项目范围、数量的扩大，公司职能部门对项目监管疲于奔命，效果不佳；重检查、轻处罚的现

象比较严重，致使制度的硬约束力明显偏弱；对人员管理、团队管理、项目管理的评价标准有待更新完善。

2. 监理信用管理的对象与要素分析

根据监理工作特点，在分析各行业主管部门信用管理要求或标准基础上，我们认为，监理的信用管理对象主要为从业人员、监理机构（项目监理机构、经营管理团队、公司）、监理项目；信用管理要素主要是行为能力、行为及行为结果，侧重于对工程及社会影响巨大的履约能力、职业道德、质量、安全等方面。

3. 公司信用管理体系构想

公司新的信用管理体系应满足以下几个要求：

能适应公司现有组织架构运行要求，调动各级机构及人员的积极性；不增加新的机构，而是对现有各级机构及人员赋予相关管理职能，形成相对统一、分工明确、协调通畅的各类信用信息采集、登记、处置制度，把信用管理纳入日常管理工作；

信用管理标准能覆盖公司业务范围，内容能兼容相关主管部门要求；可以在主管部门要求上扩充细化，但不能缺项或低于其要求；

信用管理以项目监管为核心，要素能覆盖监理工作全过程需要，做到内容基本完备，但又重点突出。要素条款分为定性与定量两类，凡是可能引起外部不良信用评价的条款属于定性条款，这些条款直接取自于各地、各行业信用管理标准，类似于“强条”，作为保底条款必须执行；对于其他条款，则与《监理规范》及公司《监理工作统一标准》相适应，属于定量评价指标，按执行程度赋值，对各级监理机构管理能起到指导作用；

标准应具有先进性和可操作性，在制定标准过程中，我们大量吸纳了国内同行的成功经验，保证标准的先进性，并在项目上进行操作测试，保证其可操作性；

检查、考核结果应与奖惩措施相结合，激励诚信行为，惩处失信行为，使制度落到实处。

4. 公司信用管理标准实施过程及效果分析

我公司《监理信用管理标准》自 2015 年 7 月实施以来，取得了一些成效，也还存在一些问题。

（1）通过标准宣贯和实施，强化了各级人员的信用自律意识，通过标准的导向作用，公司的诚信氛围在提升；

（2）通过在各种类型工程中的测评，这个标准主要满足房建工程需要，对其他类型的工程也有良好的适应性；

（3）由于公司《监理信用管理标准》及配套的项目检查标准与操作指南侧重于对项目监理机构的指导和监管，检查标准覆盖了监理工作的方方面面，通过多层次定期系统的检查，不仅消除了项目监管漏洞，也培养了一线监理人员的系统工作方法，使监理工作的标准化水平有所提高，对公司监理工作平均水平有所促进和提高；

（4）但由于标准颁布时间不长，目前还是在试行阶段，各级管理人员的意识与习惯有待改进，一些配套的奖惩措施还未跟上，这套标准的适应性、有效性还有待进一步检验。

## 四、结语

总之，根据国家、行业、地方的要求，我们对统一公司诚信自律管理标准做了有益的尝试，目的是通过这套标准的贯彻，提升监理工作质量，消除可能遭到“失信惩戒”的因素，规避相应风险，使公司整体信用水平维持在一个较高水准，为公司可持续发展提供必要条件。通过这个标准的宣贯、实施强化了这方面的工作，取得了初步成果。今后还要根据新的形势及这套标准的实施情况反馈分析，及时调整更新。

参考文献：

修璐．新常态下监理企业发展面临的机遇与挑战．中国建设监理与咨询，2015/4．

# 优秀的企业文化是监理企业发展的基础

苏州现代建设监理有限公司　叶声勇

**摘　要：** 从企业文化建设谈起，论述了工程监理企业如何建设具有监理企业特色的企业文化。阐明了优秀的企业文化是监理企业发展的基础。

**关键词：** 企业文化　工程监理　发展基础

1. 什么是企业文化

1）企业文化的定义和内涵

企业文化是在一定的社会历史条件下，企业及企业职工在生产经营和企业管理中逐步形成的观念形态、文化形式和价值体系的总和。企业文化的内涵就是企业长期形成的共同思想、共同的工作作风、共同的行为、共同的价值观念。从企业经营角度看，企业文化是一种以人为中心、以人为本的管理思想。

企业文化是组织文化，企业文化中所包含的价值观、行为准则、工作责任感等都由组织、由企业群体共同认可的。社会文化、民族文化、虽然是企业文化的基础，会影响渗透到企业的价值观念、道德规范和行为方式中，但它和企业文化还是有区别的。企业文化必须依赖于企业的存在，没有企业就没有企业文化。

企业文化是经济文化，是企业和企业职工在经营生产过程中，不断创造物质财富的过程中，在管理活动中逐渐形成。离开企业的经营活动，就不可能有企业文化的形成，也可以说企业文化就是企业管理的文化。

2）企业文化的层次

企业文化可分为三个层次。

（1）企业的物质文化

指企业的标志标识、厂容厂貌、装修风格、陈设布置、产品形象、员工着装、环境设施等。物质文化着眼于企业中直观的物质形态，所以又称表层文化。

（2）企业的制度文化

包括企业的各项管理制度如：生产管理制度、考核分配制度、技术管理制度、财务管理制度、经营管理制度、档案管理制度。各级人员、各部门的岗位责任制，员工手册等。企业的制度文化处于结构的中间层次，它把企业文化中的物质文化和精神文化有机地结合起来。

（3）企业的精神文化

精神文化处于企业文化的核心层。它指企业的价值观、企业精神、企业的宗旨、职工的道德规范、职工的素质和文化取向。企业的精神文化是由企业的成长经历，企业领导人的管理理念共同孕育而成。

3）企业文化的特点

（1）独特性

企业文化形成于不同的行业不同的企业，它受本企业的组织环境和群体特征的影响和制约。组成群体特征和组织环境的各种因素不同，如企业的规模和性质、行业和产品、经营方式、人员素质、管理水平、领导方式等。在此基础上生成的企业文化必然有差异。一个企业区别于其他企业的文化差异，即为该企业独有的文化特性。因此企业文化不是可以照搬照套的。

（2）发展性

企业文化有一个逐步完善，逐步发展的过程，是一个渐进的过程。企业文化不是一朝一夕就可以形成，它是企业在长期的生产经营活动中不断总结不断提高不断修正不断积累而成的。而且随着企业的不断发展，组织环境不断的变化会向更深度发展。

2. 工程建设监理企业的企业文化建设

1）工程监理企业的特点

工程监理企业不生产产品，不需要去建厂房、添设备，采购原料，组织生产，销售产品。它不是劳动密集型企业，不需要大量的劳动力。它是靠高智力投入，主要资本是人才，是具有专门技术、懂管理、懂法律、有一定经验的人才。因此对人才的需求尤其迫切。如何招揽人才，培养人才，留住人才显得格外重要。目前工程监理企业由于定位的偏差，市场经济不完善等原因，还未得到市场的完全认可。监理工程师待遇偏低、工作环境差、责任重、风险大，使得人员流动频繁，优秀的人才不愿意加入到监理行业中来，因此，搞好以人为本的企业文化建设，增加企业的凝聚力，留住优秀人才，是提高企业的竞争力的重要之举，是企业发展的基础。

2）怎样搞好工程监理企业的企业文化建设

工程监理企业要针对本行业的特点建设企业文化

（1）要树立明确的企业目标、宗旨、服务原则。设计企业的标志、标识。根据监理企业的特点，在搞好企业物质文化的前提下，要重点搞好各现场项目机构的容貌。做到人员组织网络上墙；各类专业人员职责上墙；监理工作流程上墙；监理现场制度上墙；统一安全帽标识；员工佩戴胸牌上岗；档案资料归档有序；有条件的统一员工着装，搞好物化环境，提高企业形象。增加员工为企业服务的荣誉感。

（2）制定先进的管理制度和行为规范。管理制度和管理方式是企业文化的重要内容，也是企业文化得到维护和延续的基本保证，建立和健全各项规章制度，形成一个严密的规范网络，使员工的各种行为活动均有章可循。在利用各种规章制度对职工进行强制性约束的同时，通过倡导先进、树立典范形成良好的环境氛围，使员工遵守企业的各种制度成为一种自然要求和自觉的行为。

监理企业的管理制度行为规范的制定切忌简单化粗暴化。要充分考虑员工的工作学习生活各方面需要，特别是一些分配制度福利制度奖惩制度的制定。在有条件的情况下，尽量让全体员工参与，一起讨论研究制定。多一些民主少一些集中，使制度规章更加人性化透明化。

如公司的旅游制度，在工会吸取广大员工意见的基础上通过职工代表大会充分讨论最后定文。这一制度透明合理，员工既参加了管理又多了一个交流情感的平台，大大增加企业的凝聚力。

（3）工程监理企业都以监理机构为工作团队，不同的项目机构员工较少接触，虽在同一公司工作，但互相缺乏了解沟通，监理企业文化建设要抓着尊重人、关心人、培养人这一主线，要重视员工的需要，特别是精神方面的要求。通过网络，内部刊物等平台使员工互相传递信息，多沟通多交流，从情感上融入企业的大家庭。依靠工会组织各种活动，解决员工的实际困难，使员工的交往、归属、尊重、自我实现等高层次的需要得到充分满足。要充分发挥党组织的作用，不断输入新鲜血液，提倡积极向上的风气。如公司针对项目点多面广，人员分散的特点采取划片管理方法。根据地域分布不同由一个片长管理若干个项目部，片长由公司领导或中层管理者兼任，主要加强公司和员工的联系，起上情下达、下情上传的作用。公司还在网上建立监理 QQ 群，员工能及时得到最新的技术和管理知识及公司的动态信息，工作之余员工还可互相聊天交流，即使工作地点最远的员工也有归属感。

（4）随着社会的进步，工程技术、工程管理、施工工艺都在不断地发展。工程监理企业要特别重视对员工业务技术水平的培训，使员工的专业技术不断得到提高，知识不断更新。监理企业的员工是以专业技术管理能力为立足之本。监理企业要打造成一个学习型企业，在培训过程中要结合贯彻本企业的精神，价值观念、道德规范、行为准则、不断提高员工的素质。

（5）工程建设监理实行项目总监负责制。项目总监理工程师受工程监理企业的法人代表委托，长期独立地在工程项目现场工作，总监的工作是否卓有成效，对工程监理企业的信誉影响是十分大的。

工程监理企业在建设企业文化的过程中特别要加强对总监理工程师的引导工作，使总监在监理工作中产生强烈的影响他人的愿望，在工作中不断获得乐趣，获得成就感。

要约束、规范、培养总监的良好执业道德品质修养，包括思想品德、工作作风、生活作风、性格气质等。总监只有具备能对他人起到榜样作用的道德品质修养，才能赢得被管理者的信赖，建立起威望和威信。如果总监缺乏良好的执业道德，必然无法搞好正常的监理工作。同时也会影响整个项目组员工的工作积极性。

（6）建立深层次的精神文化是企业文化建设的最终目标。价值观念以及体现价值观念的企业精神是企业文化的核心。要确立企业共有的价值观体系和企业精神，根据企业当前及未来的发展需要，吸取其他企业优秀的企业精神，融合成最适合本企业发展的企业精神。

企业领导的经营思想、理念、精神是企业文化的灵魂。企业领导要以身作则，持之以恒贯彻执行，通过长期不懈的努力培育，使价值观和企业精神转化为全体员工的自觉行动，为优秀的企业文化奠定坚实的基础。

3. 优秀的企业文化是监理企业发展的基础

1）建设工程监理企业是服务行业，要求其用优质的服务去满足服务对象的各种需求，对工程实施监督管理。监理工程具有技术管理、经济管理、合同管理、组织管理和协调管理等各项业务职能，对它的工作内容、工作方法、工作范围和深度都有较高要求。这些都要求工程监理单位必须有众多的优秀人才。监理企业的竞争是人才的竞争，监理企业的发展要以有各类优秀人才为基础。

2）优秀的企业文化可以通过共有价值体系的倡导，行为规范的确立和文化氛围的形成，造成一种强有力的影响和约束力量，使具有不同价值取向的各个员工达到观念上的共识，使个体员工结合成为具有共同目标和共同行为能力的集体。

优秀的企业文化可以在发挥导向和约束功能的基础上，促进企业凝聚力的增强。通过价值观念的引导，企业将不再是仅由相互利益需要而聚集起来的群体，而是一个由具有共同价值观念，精神状态和理想追求的人凝聚起来的组织，在这组织中，每个员工都有强烈的认同感和归属感，对企业的发展前途充满责任感和自信心，积极参与企业各项活动，主动将个人利益和企业利益联系在一起，与企业结成命运共同体，员工可为实现自我价值和企业目标，不断努力，不断进取。

工程监理企业要通过建设企业文化为监理企业的发展打下坚实的基础。通过企业文化建设增加企业的凝聚力，使员工明确目标，团结一致把企业和员工的利益联系在一起，从而促进企业的良性发展。

具有优秀企业文化的监理企业，才能成为持续发展的监理企业。

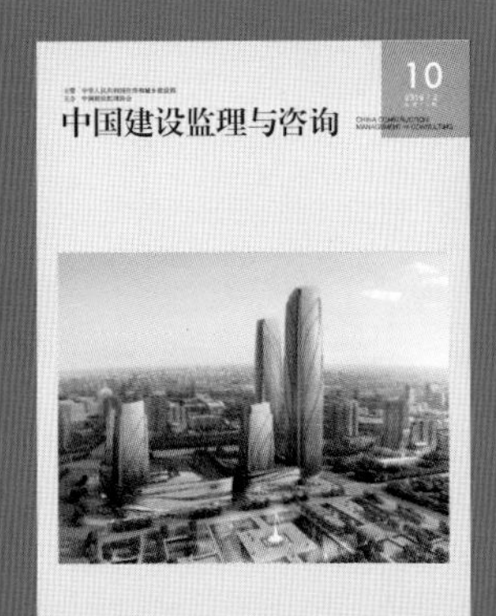


## 《中国建设监理与咨询》征稿启事

《中国建设监理与咨询》是中国建设监理协会与中国建筑工业出版社合作出版的连续出版物，侧重于监理与咨询的理论探讨、政策研究、技术创新、学术研究和经验推介，为广大监理企业和从业者提供信息交流的平台，宣传推广优秀企业和项目。

一、栏目设置：政策法规、行业动态、人物专访、监理论坛、项目管理与咨询、创新与研究、企业文化、人才培养。

二、投稿邮箱：zgjsjlxh@163.com，投稿时请务必注明联系电话和邮寄地址等内容。

三、投稿须知：

1. 来稿要求原创，主题明确、观点新颖、内容真实、论据可靠，图表规范，数据准确，文字简练通顺，层次清晰，标点符号规范。

2. 作者确保稿件的原创性，不一稿多投、不涉及保密、署名无争议，文责自负。本编辑部有权作内容层次、语言文字和编辑规范方面的删改。如不同意删改，请在投稿时特别说明。请作者自留底稿，恕不退稿。

3. 来稿按以下顺序表述：①题名；②作者（含合作者）姓名、单位；③摘要（300字以内）；④关键词（2~5个）；⑤正文；⑥参考文献。

4. 来稿以4000～6000字为宜，建议提供与文章内容相关的图片（JPG格式）。

5. 来稿经录用刊载后，即免费赠送作者当期《中国建设监理与咨询》一本。

本征稿启事长期有效，欢迎广大监理工作者和研究者积极投稿！

## 欢迎订阅《中国建设监理与咨询》

《中国建设监理与咨询》面向各级建设主管部门和监理企业的管理者和从业者，面向国内高校相关专业的专家学者和学生，以及其他关心我国监理事业改革和发展的人士。

《中国建设监理与咨询》内容主要包括监理相关法律法规及政策解读；监理企业管理发展经验介绍；和人才培养等热点、难点问题研讨；各类工程项目管理经验交流；监理理论研究及前沿技术介绍等。

### 《中国建设监理与咨询》征订单回执

| 订阅人信息 | 单位名称 | | | | |
|---|---|---|---|---|---|
| | 详细地址 | | | 邮编 | |
| | 收件人 | | | 联系电话 | |
| 出版物信息 | 全年（6）期 | 每期（35）元 | 全年（210）元/套<br>（含邮寄费用） | 付款方式 | 银行汇款 |
| 订阅信息 | | | | | |
| 订阅自2016年1月至2016年12月，＿＿＿＿套（共计6期/年）　付款金额合计￥＿＿＿＿＿＿＿＿元。 | | | | | |
| 发票信息 | | | | | |
| □我需要开具发票<br>发票抬头：＿＿＿＿＿＿＿＿<br>发票类型：一般增值税发票<br>发票寄送地址：□收刊地址　□其他地址<br>地址：＿＿＿＿＿＿＿＿邮编：＿＿＿＿　收件人：＿＿＿＿　联系电话：＿＿＿＿ | | | | | |
| 付款方式：请汇至“中国建筑书店有限责任公司” | | | | | |
| 银行汇款 □<br>户　名：中国建筑书店有限责任公司<br>开户行：中国建设银行北京甘家口支行<br>账　号：1100 1085 6000 5300 6825 | | | | | |

备注：为便于我们更好地为您服务，以上资料请您详细填写。汇款时请注明征订《中国建设监理与咨询》并请将征订单回执与汇款底单一并传真或发邮件至中国建设监理协会信息部，传真 010-68346832，邮箱 zgjsjlxh@163.com。

联系人：中国建设监理协会　王北卫　孙璐，电话：010-68346832。

中国建筑工业出版社　张幼平，电话：010-58337166。

中国建筑书店　电话：010-68324255（发票咨询）

《中国建设监理与咨询》协办单位

北京市建设监理协会
会长：李伟

中国铁道工程建设协会
副秘书长兼监理委员会主任：肖上潘

京兴国际工程管理有限公司
执行董事兼总经理：李明安

北京兴电国际工程管理有限公司
董事长兼总经理：张铁明

北京五环国际工程管理有限公司
总经理：李兵

咨询北京有限公司
BEIJING CONSULTING CORPORATION LIMITED

中国水利水电建设工程咨询北京有限公司
总经理：孙晓博

鑫诚建设监理咨询有限公司
董事长：严弟勇　总经理：张国明

北京希达建设监理有限责任公司
总经理：黄强

山西省建设监理协会
会长：唐桂莲

山西省建设监理有限公司
董事长：田哲远

山西煤炭建设监理咨询公司
执行董事兼总经理：陈怀耀

山西和祥建通工程项目管理有限公司
执行董事：胡蕴　副总经理：段剑飞

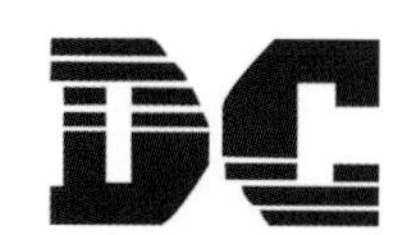

太原理工大成工程有限公司
董事长：周晋华

山西省煤炭建设监理有限公司
总经理：苏锁成

山西震益工程建设监理有限公司
董事长：黄官狮

山西神剑建设监理有限公司
董事长：林群

山西共达建设工程项目管理有限公司
总经理：王京民

晋中市正元建设监理有限公司
执行董事兼总经理：李志涌

运城市金苑工程监理有限公司
董事长：卢尚武

沈阳市工程监理咨询有限公司
董事长：王光友

大连大保建设管理有限公司
董事长：张建东　总经理：柯洪清

吉林梦溪工程管理有限公司
总经理：张惠兵

上海建科工程咨询有限公司
总经理：张强

上海振华工程咨询有限公司
总经理：徐跃东

江苏誉达工程项目管理有限公司
董事长：李泉

LCPM

连云港市建设监理有限公司
董事长兼总经理：谢永庆

江苏赛华建设监理有限公司
董事长：王成武

南通中房工程建设监理有限公司
董事长：于志义

浙江省建设工程监理管理协会
副会长兼秘书长：章钟

浙江江南工程管理股份有限公司
董事长总经理：李建军

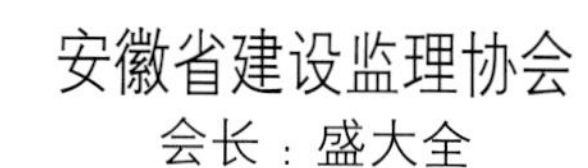

安徽省建设监理协会
会长：盛大全

合肥工大建设监理有限责任公司
总经理：王章虎

山东同力建设项目管理有限公司
董事长：许继文

煤炭工业济南设计研究院有限公司
总经理：秦佳之

厦门海投建设监理咨询有限公司
总经理：陈仲超

驿涛项目管理有限公司
董事长：叶华阳

《中国建设监理与咨询》协办单位

河南省建设监理协会
会长：陈海勤

郑州中兴工程监理有限公司
执行董事兼总经理：李振文

河南建达工程建设监理公司
总经理：蒋晓东

河南清鸿建设咨询有限公司
董事长：贾铁军

河南建基工程管理有限公司
总经理：黄春晓

郑州基业工程监理有限公司
董事长：潘彬

武汉华胜工程建设科技有限公司
董事长：汪成庆

长沙华星建设监理有限公司
总经理：胡志荣

深圳市监理工程师协会
会长：方向辉

广东工程建设监理有限公司
总经理：毕德峰

广东华工工程建设监理有限公司
总经理：杨小珊

CISDI 重庆赛迪工程咨询有限公司 Chongqing CISDI Engineering Consulting Co., Ltd.

重庆赛迪工程咨询有限公司
董事长兼总经理：冉鹏

重庆联盛建设项目管理有限公司
总经理：雷开贵

HASIN 华兴咨询

重庆华兴工程咨询有限公司
董事长：胡明健

重庆正信建设监理有限公司
董事长：程辉汉

四川二滩国际工程咨询有限责任公司
董事长：赵雄飞

贵州省建设监理协会
会长：杨国华

贵州建工监理咨询有限公司
总经理：张勤

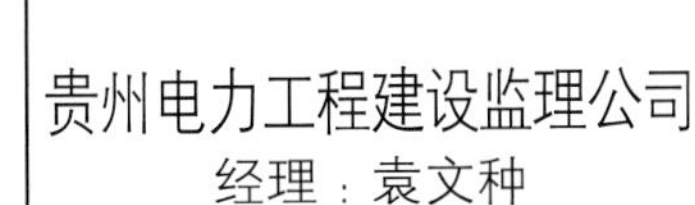

贵州电力工程建设监理公司
经理：袁文种

云南新迪建设咨询监理有限公司
董事长兼总经理：杨丽

云南国开建设监理咨询有限公司
执行董事兼总经理：张葆华

西安高新建设监理有限责任公司
董事长兼总经理：范中东

西安铁一院工程咨询监理有限责任公司
总经理：杨南辉

(PM)

西安普迈项目管理有限公司
董事长：王斌

中国节能

西安四方建设监理有限责任公司
董事长：史勇忠

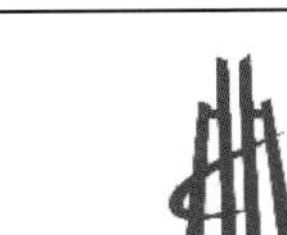


华春建设工程项目管理有限责任公司
董事长：王勇

陕西华茂建设监理咨询有限公司
总经理：阎平

新疆昆仑工程监理有限责任公司
总经理：曹志勇

河南省万安工程建设监理有限公司
董事长：郑俊杰

重庆林鸥监理咨询有限公司
总经理：肖波

湖南省建设监理协会
常务副会长兼秘书长：屠名瑚

新疆天麒工程项目管理咨询有限责任公司
董事长：吕天军

HESC

中船重工海鑫工程管理（北京）有限公司
总经理：栾继强

WANG TAT
广州宏达工程顾问有限公司

广州宏达工程顾问有限公司
总经理：伍忠民

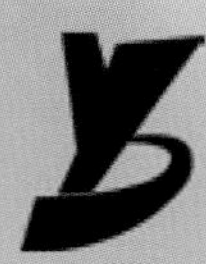

# 江苏誉达工程项目管理有限公司

江苏誉达工程项目管理有限公司（原泰州市建信建设监理有限公司）坐落于美丽富饶的江南滨江城市泰州，成立于1996年，是泰州市首家成立并首先取得住建部审定的甲级资质的监理企业，现具有房屋建筑甲级、市政公用甲级、人防工程甲级监理及造价咨询乙级、招标代理乙级资质。

公司拥有工程管理及技术人员共393人，其中高级职称（含研高）38人，中级职称128人，涵盖工民建、岩土工程、钢结构、给排水、建筑电气、供热通风、智能建筑、测绘、市政道路、园林、装潢等专业。拥有国家注册监理工程师44人，注册造价师10人，一级建造师8人，注册结构工程师2人、人防监理工程师78人、安全工程师4人、设备监理工程师2人、江苏省注册监理工程师53人。十多人次获江苏省优秀总监或优秀监理工程师称号。

公司自成立以来，监理了200多个大、中型工程项目，主要业务类别涉及住宅（公寓）、学校及体育建筑、工业建筑、医疗建筑及设备、市政公用及港口航道工程等多项领域，有二十多项工程获得省级优质工程奖。

1999年以来，公司历届被江苏省住建厅或江苏省监理协会评为优秀或先进监理企业，2008年被江苏省监理协会授予“建设监理发展二十周年工程监理先进企业”荣誉称号。

公司的管理宗旨为“科学监理，公正守法，质量至上，诚信服务”，落实工程质量终身责任制和工程监理安全责任制，自2007年以来连续保持质量管理、环境管理及健康安全体系认证资格。

公司注重社会公德教育，加强企业文化建设，创建学习型企业，打造“誉达管理”品牌，努力为社会、为建设单位提供优质的监理（工程项目管理）服务。

常州大学怀德学院

靖江市体育中心

靖江港城大厦

背景：泰州新区医院

海南龙沐湾海景公寓

淄博市广电中心大厦工程

淄博职业学院实训楼工程

淄博运动员公寓（齐盛宾馆）2# 楼工程

临淄现代学校综合楼与音乐会议中心工程

淄博市体育中心综合体育馆幕墙工程

淄博市体育中心工程

# 山东同力建设项目管理有限公司

**历史沿革**

山东同力建设项目管理有限公司始建于 1988 年，原淄博工程承包总公司。公司成立之初主要从事工程总承包业务，1993 年被确立为全国监理试点单位，1997 年获住建部甲级监理资质，2004 年公司成功改制，正式更名为山东同力建设项目管理有限公司，2008 年合并了淄博诚信建设项目招投标代理有限公司和山东同力工程造价咨询有限公司。近 30 年的发展，使得公司目前成为以工程监理、项目管理为核心业务同时涵盖招标代理、造价咨询、工程咨询等业务领域的综合性建设咨询服务类企业。

**企业概况**

公司坐落于齐文化的发祥地、中国历史文化名城 – 淄博，公司注册资金 2000 万元，目前公司已具备工程监理综合资质、工程招标代理甲级资质、政府采购代理甲级资格、工程造价咨询甲级资质、人防工程建设监理乙级资质、中央投资项目招标代理乙级资格、工程咨询乙级资格、机电产品国际招标代理资格、土地登记代理资格等，成为山东省建设咨询服务领域资质最全、最高的单位之一。同时是中国建设监理协会、中国水利工程协会、中国建设工程造价管理协会、中国招投标协会等的会员单位，山东省建设监理协会常务理事单位、山东省民防协会常务理事单位、山东省工程建设标准造价协会理事单位。时至今日，公司业已通过了质量管理、环境管理、职业健康安全管理三位一体的管理体系认证，并启动 OA 办公系统进行行政管理、使用工程项目管理软件进行业务管理。

公司现有员工 500 余人，其中中高级职称 200 余人，拥有一批多专业多学科的各类工程咨询人员，国家注册人员总数达 180 余人次，其中包括注册监理工程师，注册造价工程师，一级建造师，注册公用设备工程师，注册招标师，咨询工程师（投资），注册安全工程师，投资项目管理师、水利造价师、公路造价师、水运造价师等，此外还拥有近 300 名技术水平高、专业配套的专家队伍。

公司服务足迹遍布全国 20 多个省、直辖市、自治区，在蒙古、印度等国家也留下了同力人的足迹，所服务的项目得到了国家、省各级建设行政主管部门的充分肯定，为国家、地方和投资人做出了自己应有的贡献。

依托公司良好的业绩和信誉，公司先后获得“山东省诚信企业”、“山东省建设监理综合实力‘十强’企业”、“山东省先进监理企业”、“山东建设监理创新发展二十周年先进监理企业”、“山东省工程造价咨询行业先进单位”、“山东省工程建设项目招标代理机构优质服务先进单位”、“市级青年文明号”等荣誉称号;连续多年荣获“省级守合同重信用企业”、“山东省工程造价咨询信用 A 级企业”、“市先进建设监理企业”、“市工程造价咨询先进单位”、“市招标代理先进单位”。

展望未来，我们有信心将外部竞争的冲击转化为内部发展的契机，有意愿成为建设咨询服务领域的杰出领导者，有能力给予同力客户高品质服务及整体解决方案，也有实力践行同力核心价值，凝聚同力正能量。

**企业文化**

愿景：成为建设咨询服务领域的杰出领导者

使命：致力于以不断提升自我，给予同力客户高品质服务及整体解决方案。

核心价值：团队　诚信　创新　共赢

**公司监理项目部分荣誉**

**质量奖：**

鲁班奖
国家优质工程奖
装修工程国家优质工程奖
泰山杯
山东省援建北川建设工程质量“泰山杯”
山东省建筑装饰装修工程质量“泰山杯”
四川省天府杯银奖
山东省建设工程优质结构杯奖
山东省金杯示范工程
山东省园林绿化优质工程
山东省住宅工程质量通病专项治理示范工程
山东省施工现场综合管理样板工程

**安全奖：**

AAA 级安全文明标准化工地
山东省建筑施工安全文明示范工地
山东省建筑施工安全文明优良工地
山东省建筑施工安全文明工地
山东省援川安全文明工地
山东省市政基础设施工程安全文明工地
山东省建筑施工安全文明小区

地　址：山东淄博张店人民西路 17 号
电　话：0533-2300833、2302646、2305529
传　真：0533-2300833
网　址：www.sdtlpm.com
Email：sdtlpm@163.com

# 山西省建设监理有限公司

山西省建设监理有限公司（原山西省建设监理总公司）成立于1993年，于2010年1月27日经国家住房和城乡建设部审批通过工程监理综合资质，注册资金1000万元。公司成立至今总计完成监理项目2000余项，建筑面积达3000余万 $m^2$，其中有10项荣获国家级“鲁班奖”，1项荣获“詹天佑土木工程大奖”，2项荣获“中国钢结构金奖”，1项荣获“国家优质工程奖”，1项荣获“结构长城杯金质奖”，6项荣获“北军优奖”，40余项荣获山西省“汾水杯”奖，100余项荣获省、市优质工程奖。

公司技术力量雄厚，集中了全省建设领域众多专家和工程技术管理人员。目前高、中级专业技术人员占公司总人数90%以上，国家注册监理工程师目前已有130余名、国家注册造价工程师10名、国家注册一级建造师26名、国家一级结构工程师1名。

公司拥有自有产权的办公场所，实行办公自动化管理，专业配套齐全，检测手段先进，服务程序完善，能优质高效地完成各项管理职能业务。公司于2000年即通过ISO9001国际质量体系认证，并能严格按其制度化、规范化、科学化的要求开展监理服务工作。

公司具有较高的社会知名度和荣誉。至今已连续两年评选为“全国百强监理企业”，八次荣获“全国先进工程建设监理单位”，连续十五年荣获“山西省工程监理先进单位”。2005年以来，又连续获得“山西省安全生产先进单位”以及“山西省重点工程建设先进集体”。2008年被评为“中国建设监理创新发展20年工程监理先进单位”和“三晋工程监理企业二十强”。2009年中国建设监理协会授予“2009年度共创鲁班奖监理企业”。2011年、2013年再次被中国建设监理协会授予“2010~2011年度鲁班奖工程监理企业荣誉称号”和“2012~2013年度鲁班奖及国家优质工程奖工程监理企业荣誉称号”。2014年8月被山西省建筑业协会工程质量专业委员会授予“山西省工程建设质量管理优秀单位”称号，12月被中国建设监理协会授予“2013~2014年度先进工程监理企业”称号。

公司始终遵循“严格监理、一丝不苟、秉公办事、热情服务”的原则；贯彻“科学、公正、诚信、敬业，为用户提供满意服务”的方针；发扬“严谨、务实、团结、创新”的企业精神，及独特的企业文化“品牌筑根，创新为魂；文化兴业，和谐为本；海纳百川，适者为能。”一如既往地竭诚为社会各界提供优质服务。

山西省十大重点工程，我们先后承监的有：太原机场改扩建工程、山西大剧院、山西省图书馆、中国（太原）煤炭交易中心——会展中心、山西省体育中心——自行车馆、太原南站。公司分别选派政治责任感强、专业技术硬、工作经验丰富的监理项目班子派驻现场，最大限度地保障了“重点工程”监理工作的顺利进行。

今后，我公司将以超前的管理理念，卓越的人才队伍，勤勉的敬业精神，一流的工作业绩，树行业旗帜，创品牌形象，为不断提高建设工程的投资效益和工程质量，为推进我国建设事业的健康、快速、和谐发展作出我们的贡献！

公司网站：www.sxjsjl.com

中国建行山西分行综合营业大厦荣获2000年度中国建筑工程“鲁班奖”

山西省国税局业务综合楼荣获2002年度中国建筑工程“鲁班奖”

鹳雀楼荣获2003年度中国建筑工程“鲁班奖”，詹天佑土木工程大奖

太旧高速公路荣获1996年度中国建筑工程“鲁班奖”

山西省博物馆荣获2006年度中国建筑工程“鲁班奖”

中国人民银行太原中心支行附属楼2010~2011年度中国建筑工程“鲁班奖”

山西省图书馆获2014~2015年度中国建筑工程“鲁班奖”

中国煤炭交易中心2012~2013年度中国建设工程“鲁班奖”

太原机场荣获1995年度中国建筑工程“鲁班奖”

太原机场航站楼荣获2009年度中国建筑工程“鲁班奖”

# 西安四方建设监理有限责任公司

西安四方建设监理有限责任成立于1996年，是中国新时代国际工程公司（原机械工业部第七设计研究院）的控股公司，隶属于中国节能环保集团公司。公司是全国较早开展工程监理技术服务的企业，是业内较早通过质量管理体系、环境管理体系、职业健康安全管理体系认证的企业，拥有强大的技术团队支持、先进管理与服务理念。

公司具有房屋建筑工程甲级监理资质、市政公用工程甲级监理资质、电力工程乙级监理资质、人防工程监理资质、工程造价甲级资质、工程咨询甲级资质，可为建设方提供房屋建筑工程、市政工程、环保工程、电力工程监理，技术服务、技术咨询、工程造价咨询，工程项目管理与咨询服务。

公司目前拥有各类工程技术管理人员300多名，其中具有国家各类注册工程师近100人，具有中高级专业技术职称的人员占70%以上，专业配置齐全，能够满足工程项目全方位管理的需要，具有大型工程项目监理、项目管理、工程咨询等技术服务能力。

公司始终遵循“以人为本、诚信服务、客户满意”的服务宗旨，以“守法、诚信、公正、科学”为监理工作原则，真诚地为业主提供优质服务、为业主创造价值。先后监理及管理工程500余项，涉及住宅、学校、医院、工厂、体育中心、高速公路房建、市政集中供热中心、热网、路桥工程、园林绿化、节能环保项目等多个领域。在近20年的工程管理实践中，公司在工程质量、进度、投资控制和安全管理方面积累了丰富的经验，所监理和管理项目连续多年荣获“国家优质工程奖”、“中国钢结构金奖”、“陕西省市政金奖示范工程”、“陕西省建筑结构示范工程”、“长安杯”、“雁塔杯”等50余项奖励，在业内拥有良好口碑。公司技术力量雄厚，管理规范严格，服务优质热情，赢得了客户、行业、社会的认可和尊重，数十年连续获得“中国机械工业先进工程监理企业”、“陕西省先进工程监理企业”、“西安市先进工程监理企业”荣誉称号。

公司将依托中国节能环保集团公司、中国新时代国际工程公司的整体优势，为客户创造价值，做客户信赖的伙伴，以一流的技术、一流的管理和良好的信誉，竭诚为国内外客户提供专业、先进、满意的工程技术服务。

地　址：陕西省西安市经济技术开发区凤城十二路108号
邮　编：710018
电　话：029-62393835，029-62393830
E-mail：sfjl@cnme.com.cn

西安交通大学医学院第二附属医院门诊住院楼、妇儿住院楼工程

贵州省茅台生态循环经济示范园生物天然气及生物有机肥项目

延安市小砭沟至消林村道路工程二标段工程

阳光美地二期聚福苑项目

榆林职业技术学院（一期）建设工程

西安秦王二路至秦汉大道渭河特大桥工程

西安武警工程学院训练馆

重型液力自动变速器（AT）及出口齿轮生产基地项目